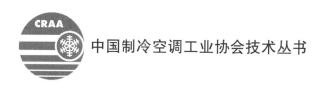

中国制冷空调工业协会技术丛书

R513A 制冷剂在螺杆式冷水(热泵)机组中的适用性研究

张朝晖　邢子文　韩晓红　郭晓林　等◎著

中国纺织出版社有限公司

内 容 提 要

目前,中国螺杆式冷水(热泵)机组中主要采用 R134a 和 R22 等制冷剂,其替代制冷剂的研究与应用一直是行业关注的焦点。在 HFOs 类制冷剂等潜在替代品中,R513A 制冷剂被认为是螺杆式冷水(热泵)机组最具潜力的替代制冷剂之一。但行业内对 R513A 螺杆式冷水(热泵)机组尚缺乏系统研究和明确认识。有鉴于此,本书对 R513A 制冷剂在螺杆式冷水(热泵)机组中的适用性进行研究,主要内容包括工质热物性及循环特性、系统匹配和优化、成本构成等。

本书可作为制冷空调行业政策制定者、企业决策者、研发和应用工程师深入了解制冷剂替代技术发展方向和研究进展的参考书籍。

图书在版编目 (CIP) 数据

R513A 制冷剂在螺杆式冷水 (热泵) 机组中的适用性研究 / 张朝晖等著 . -- 北京 : 中国纺织出版社有限公司, 2022.7

(中国制冷空调工业协会技术丛书)

ISBN 978-7-5180-9533-9

Ⅰ. ①R… Ⅱ. ①张… Ⅲ. ①热泵式制冷器-制冷剂-研究 Ⅳ. ①TN214

中国版本图书馆 CIP 数据核字 (2022) 第 080201 号

R513A ZHILENGJI ZAI LUOGANSHI LENGSHUI (REBENG) JIZU ZHONG DE SHIYONGXING YANJIU

责任编辑:朱利锋   责任校对:寇晨晨   责任印制:何 建

中国纺织出版社有限公司出版发行
地址:北京市朝阳区百子湾东里 A407 号楼   邮政编码:100124
销售电话:010—67004422   传真:010—87155801
http://www.c-textilep.com
中国纺织出版社天猫旗舰店
官方微博 http://weibo.com/2119887771
三河市宏盛印务有限公司印刷   各地新华书店经销
2022 年 7 月第 1 版第 1 次印刷
开本:787×1092 1/16 印张:7.5
字数:136 千字 定价:58.00 元

前　言

　　臭氧层破坏和全球变暖是当今人类社会共同面临的两大主要环境问题，给人类社会的可持续发展带来了巨大的压力和挑战。多年来，中国政府高度重视环境保护工作，经过积极行动和艰苦努力，中国在 2007 年 7 月 1 日实现了 CFCs 消费的完全淘汰，提前两年半实现《蒙特利尔议定书》规定的目标，赢得了国际社会的广泛尊重与赞誉。为了应对全球性的气候变化，中国政府于 2020 年提出了"力争于 2030 年前二氧化碳排放达到峰值、2060 年前实现碳中和"的庄严承诺，于 2021 年正式批准加入了《〈蒙特利尔议定书〉基加利修正案》。

　　近年来，国际公约的制定和履约行动的不断推进，使制冷空调行业面临压力和挑战。长期以来，中国制冷空调行业以负责任的态度，坚持选择臭氧气候友好的替代技术路线，在各个领域推行零 ODP 值、更低 GWP 值的环保替代技术，并取得了良好成效，得到了国内外同行及社会各界的广泛认可，也借此推动了行业的转型升级和高质量发展。

　　目前，中国在螺杆式冷水（热泵）机组中大量使用的是 R134a 和 R22 等制冷剂，因其具有较高的温室效应或破坏臭氧层作用，需要被替换和淘汰。而在这一领域的替代制冷剂的选择与应用研究一直是行业关注的焦点。在 HFOs 类制冷剂等潜在替代品中，R513A 制冷剂被认为是最具潜力的替代制冷剂之一。但一直以来行业内对 R513A 制冷剂在螺杆式冷水（热泵）机组中的适用性尚缺乏系统研究和明确认识。有鉴于此，在生态环境部对外合作与交流中心的支持下，中国制冷空调工业协会联合行业内众多高校和企业，自 2019 年起开展了对 R513A 制冷剂在螺杆式冷水（热泵）机组中的适用性研究，围绕工质热物性及循环特性、系统匹配和优化、成本构成等方面进行深入研究。经过大量测试比对分析和系统性论证研究，获得了丰富的第一手试验数据和研究成果。项目组对研究内容进行全面梳理后形成了本书。希望这项工作对更多的行业企业在未来实施螺杆式冷水（热泵）机组的制冷剂替代转换时能有所帮助，为国家和行业的绿色低碳发展做出有益贡献。

　　本项目由中国制冷空调工业协会牵头实施，张朝晖任项目负责人。项目研究工作得到了科慕化学（上海）有限公司在人力、物力方面的全力支持和配合，为项目研究工作解决了替代制冷剂的供应和试验保障等难题，在此谨向科慕公司深表感谢。珠海格力电器股份有限公司、顿汉布什（中国）工业有限公司、浙江盾安人工环境股份有限公司、浙江国祥股份有限公司、南京天加环境科技有限公司、上海汉钟精机股份有限公司、西安交通大学、浙江大学、天津大学等单位共同参与了本项目的研究工作，为本项目做出了大量富有成效的实践努力和贡献，助推本项目研究工作取得了圆满成功。在此向所有支持和参与本项目研究工作的相关单位、专家、同仁送上最诚挚的谢意！

本书由张朝晖、邢子文、韩晓红、郭晓林负责统稿，参与编写单位及作者包括：

中国制冷空调工业协会：张朝晖、王若楠、高钰、刘璐璐、陈敬良

生态环境部对外合作与交流中心：郭晓林、李雄亚、滑雪

西安交通大学：邢子文

浙江大学：韩晓红

天津大学：杨昭、李敏霞

科慕化学（上海）有限公司：许杨峰、徐康、王亚东、包锐、郑培杰、王瑜

珠海格力电器股份有限公司：武晓昆

顿汉布什（中国）工业有限公司：王发忠、李庆刚

浙江盾安人工环境股份有限公司：张杰、杨松杰、杨圣

浙江国祥股份有限公司：王红燕

南京天加环境科技有限公司：陈春蕾、朱昌海

上海汉钟精机股份有限公司：谢鹏、周华

本书除了第 1 章的引言部分，其他章节内容均来自参与研究的企业和高校提供的产品资料、研究和试验数据等，作者尽最大努力对各种数据进行统筹分析处理，以期尽量真实地体现 R513A 制冷剂替代应用的适用性和性能特征，但由于水平所限，书中难免会有疏漏和错误，恳请广大读者予以批评指正。

作者

2022 年 5 月

目　录

1

1

引 言

1.1 项目背景

21 世纪以来，为应对全球变暖问题，国际社会相继组织制定了一系列政策法案，在推进制冷剂替代的同时，进一步向着减缓全球变暖的目标迈进。2015 年 12 月，在巴黎气候变化大会上通过的《巴黎协定》，规定将 21 世纪全球平均气温上升幅度控制在 2℃ 以内、全球气温上升控制在前工业化时期水平之上 1.5 ℃ 以内。在 2016 年 10 月举行的《蒙特利尔议定书》第 28 次缔约方大会上，各国提出对全球变暖潜值（GWP）高的产品进一步加强管控，达成了逐步削减温室气体氢氟烃类（HFCs）的《基加利修正案》，有 18 种 HFCs 被列入修正案管控物质名单，一些高 GWP 值的 HFCs 将在未来逐渐削减使用。2020 年 12 月召开的中央经济工作会议中将落实碳达峰、碳中和工作列为国家的重点任务，即我国二氧化碳排放力争 2030 年前达到峰值，争取 2060 年前实现碳中和[1]；2021 年 4 月 16 日，中国常驻联合国代表团向联合国秘书长交存了中国政府接受《〈蒙特利尔议定书〉基加利修正案》的接受书[2]，该修正案已于 2021 年 9 月 15 日对中国正式生效，这意味着我国已开始逐步加强对 HFCs 等非二氧化碳温室气体的管控。因此，制冷、空调和热泵领域中正在使用的那些高 GWP 的制冷剂将面临被更新和替换，新型低 GWP 环保制冷剂的使用能够大量减少温室气体排放量，降低温室效应的影响，对于碳达峰、碳中和目标的进一步实现具有重大的推进作用。

制冷空调行业制冷剂种类众多，制冷剂替代技术各有不同。作为应用于大中型制冷空调设备的主要产品，我国螺杆式冷水（热泵）机组目前主要采用 R134a、R410A 和 R22 等制冷剂，这些制冷剂均具有较高的 GWP 值，其替代制冷剂的研究与应用一直是行业关注的焦点。新型替代制冷剂，尤其是氢氟烯烃（HFOs）及其混合制冷剂，因其较低的 GWP 值、短的大气寿命以及良好的环境友好性能，正在逐渐成为行业的关注热点。目前，国内外潜在的 HFO 类替代制冷剂主要包括 R513A、R515B、R1234yf、

1

R1234ze（E）等。在这些 HFO 类环保制冷剂当中，R513A 制冷剂被认为是螺杆式冷水（热泵）机组最具潜力的替代制冷剂之一。到目前为止，对 R513A 制冷剂螺杆式冷水（热泵）机组尚缺乏系统研究和统一认识，成为行业内的一大技术空白。

为了探索 R513A 制冷剂在螺杆式冷水（热泵）机组的应用可能性，中国制冷空调工业协会联合相关高校和企业，在行业内率先组织开展应用研究，主要工作包括工质物性研究、系统匹配和优化、成本分析等内容。项目自 2019 年启动以来，参与方共同开展了持续而深入的研究，获得了大量宝贵的研究数据和结论，期间也召开了多次项目组工作交流研讨会议，并利用臭氧气候工业圆桌会议、协会传媒网站等平台对项目进展进行了宣传介绍。希望通过本项目的研究成果和取得的经验，能够为全行业的制冷剂替代和绿色低碳发展做出有益的贡献。

1.2 项目目标

（1）针对螺杆式单冷、热泵机组，开展 R513A 的循环特性分析，部件优化和材料兼容性等方面的测试、分析，研究优化后的 R513A 机组各方面指标与目前 R134a 产品水平对标的情况。

（2）总结完成 R513A 制冷剂的应用评估报告，为 R513A 制冷剂在行业中未来可能的应用及相关标准规范制修订创造条件。

本项目实施以来，项目组开展了螺杆式单冷、热泵机组理论和测试研究，针对 R513A 机组与 R134a 机组的性能和成本差异进行了对比分析，提出了相关零部件和整机优化建议，并汇总形成本书。

2

工质物性研究

2.1 R513A 的基本性质

R513A 是由 R134a 和 R1234yf 按照质量比为 44∶56 混合的制冷剂，其与 R134a 的分子量、臭氧消耗潜值、全球变暖潜值、临界性质等基本参数对比见表 2-1。

表 2-1　R513A 与 R134a 物性参数对比

制冷剂基本参数	制冷剂	
	R513A	R134a
组成	R134a/R1234yf（44∶56）	R134a
分子量/（g/mol）	108.4	102.0
ASHRAE 标准 34 安全等级	A1	A1
臭氧消耗潜值	0	0
全球变暖潜值	573	1300
临界温度/℃	94.91	101.1
临界压力/MPa	3.647	4.059
临界密度/（kg/m³）	490.43	511.90
沸点（1atm）/℃	−29.58	−26
100kPa 时温度滑动/℃	0.1	0

注　1atm 即 1 个大气压，1atm＝101.325kPa。

2.2 R513A 的热力学参数

R513A 的热力学参数主要包括蒸气压、比容、密度、焓、熵、传输性能参数、黏度、比热容、导热率、声速等。详细的数据见附录。

2.3 R513A 的压焓图

由附录 A 中的热力学参数绘制出 R513A 的压焓图，如图 2-1 所示。同时，也给出 R134a 的压焓图，如图 2-2 所示。

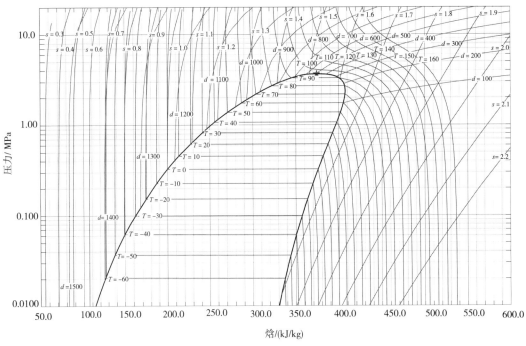

图 2-1　R513A 的压焓图

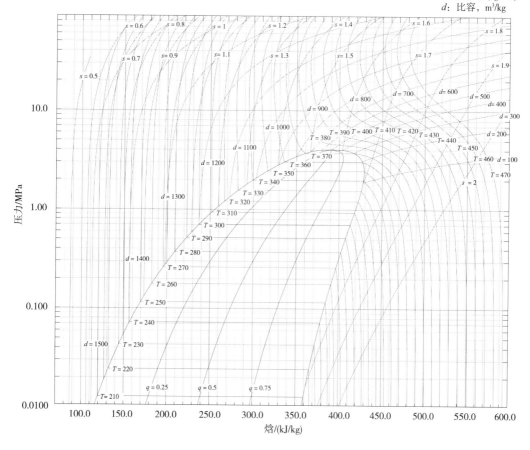

图 2-2　R134a 的压焓图

2.4　R513A 与润滑油的相溶性

目前 R513A 系统里所采用的润滑油为 POE32 润滑油，与 R134a 系统所采用的润滑油一样。R513A 与润滑油 POE32 的相溶性数据见表 2-2，其相溶性上下限曲线如图 2-3 所示。

表 2-2　R513A 与润滑油 POE32 的相溶性数据

质量比（R513A/POE32）	下临界互溶温度/℃	上临界互溶温度/℃
95/5	−50	75
90/10	−50	75

续表

质量比（R513A/POE32）	下临界互溶温度/℃	上临界互溶温度/℃
85/15	−50	75
80/20	−50	75
70/30	−50	75
40/60	−50	75
30/70	−50	75

注 该表数据由科慕化学（上海）有限公司提供。

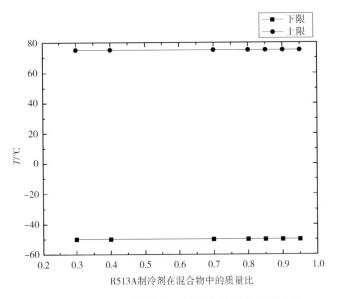

图 2-3 R513A 制冷剂与润滑油的相溶性上下限曲线

2.5 R513A 与材料的相容性

从目前获得的大量测试数据看，R513A 制冷剂与原采用 R134a 机组所使用的各种材料具有较好的相容性，可以继续使用 R134a 机组中所用的材料。

3

系统匹配和优化

3.1 系统的组成

　　蒸气压缩式制冷系统主要由压缩机、换热器、节流阀及管道系统等部件组成，如图 3-1 所示。采用工况自适应高效变频螺杆压缩机，系统工作原理详细分述如下：

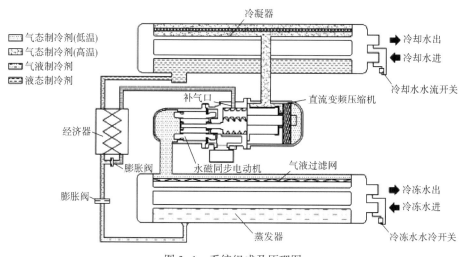

图 3-1　系统组成及原理图

　　（1）压缩过程。蒸发器中的制冷剂蒸气被工况自适应高效变频螺杆压缩机吸入后，电动机通过压缩机转子对其施加能量，使制冷剂蒸气的压力提高并进入冷凝器；与此同时，制冷剂蒸气的温度在压缩终了时也相应提高。

　　（2）冷凝过程。由压缩机来的高压、高温制冷剂蒸气，在冷凝器中通过管内的冷却水放出热量，温度有所下降，同时在饱和压力（冷凝温度所对应的冷凝压力）下冷凝成为液体。这时，冷却水因从制冷剂蒸气中摄取了热量，其温度有所升高。冷却水的温度与冷凝温度（冷凝压力）直接相关。

（3）过冷过程。从板式换热器后取小部分的低压、低温制冷剂，经过热力膨胀阀的节流成为中压、低温的制冷剂，对主液的制冷剂进行过冷，提高主液过冷，补气侧制冷剂经板式换热器换热后气化，补入压缩机的中间补气腔。

（4）节流过程。过冷后的制冷剂液体流经节流装置时，发生减压膨胀，压力、温度都降低，变为低压、低温液体进入蒸发器中。

（5）蒸发过程。低压、低温制冷剂液体在蒸发器内从载冷剂（如冷水）中摄取热量后蒸发为气体，同时使载冷剂的温度降低，从而实现人工制冷，蒸发器内的制冷剂蒸气又被压缩机吸入进行压缩。

重复上述压缩、冷凝、过冷、节流、蒸发过程，如此周而复始，达到连续制冷的目的。

机组结构设计如图 3-2 所示。机组主要包括壳管式冷凝器、降膜式蒸发器、螺杆式压缩机、变频柜、触摸屏等零部件，机组从三方面进行整机结构设计，以确保整机运行、安装、运行稳定可靠。降膜式蒸发器上布置螺杆式压缩机，吸气管更短，压降更小。油分离器内置于壳管式冷凝器，简化了机组外部部件。

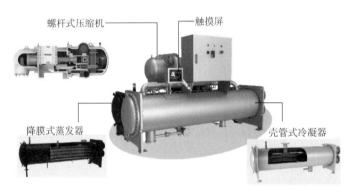

图 3-2　测试机组的结构图

图 3-3 是测试系统的示意图，主要包括压缩机、蒸发器、膨胀阀、冷凝器和油分离器。制冷剂在蒸发器中与冷冻水换热，在冷凝器中与冷却水换热。两个流量计分别测量冷却水和冷冻水的流量。测试压缩机参数和测量对象的范围、精度等（表 3-1）。

表 3-1　测量参数范围

测量参数	测量范围	精度
功率	—	±0.5%
频率	—	±0.1%
制冷剂温度	−50~70℃	±0.1℃
水温	0~70℃	±0.1℃

测量参数	测量范围	精度
吸气压力	0~1600kPa	±0.5%（满量程）
排气压力	0~1600kPa	±0.5%（满量程）
水质量流量	—	±0.5%

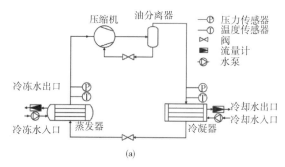

(a)

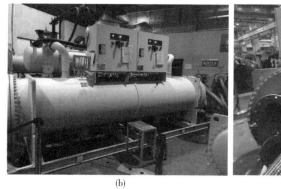

(b)

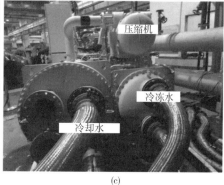

(c)

图 3-3　冷水机组性能测试系统

3.2 系统中主要部件对系统性能的影响

3.2.1 螺杆压缩机

在诸多现代制冷技术中，蒸气压缩式制冷系统是最典型、最普遍采用的制冷方式。制冷压缩机是蒸气压缩式制冷系统的"心脏"，其作用在于抽吸来自蒸发器的制冷剂蒸气，以消耗功率为代价提高制冷剂气体的温度和压力，并将高温、高压的制冷剂气体排向冷凝器，为制冷剂在热源和热汇之间的流动与传热提供动力。所以，制冷压缩机是决定系统性能的关键部件，对系统的运行性能、维护和使用寿命等都有直接的影响。半封闭螺杆制冷压缩机以其独特的优点和宽广的工况范围广泛应用于中等容量商用和工业用制冷空调系统。

双螺杆压缩机在原理上属于一种容积式的旋转压缩机，其工作原理与往复活塞式压缩机类似，但是又与往复活塞式压缩机有着很大的区别。双螺杆压缩机的核心是一对相互啮合的转子，齿形外凸的为阳转子，其通常与压缩机驱动机构相连接，带动齿形内凹的阴转子一起转动。通过齿形外凸阳转子与齿形内凹阴转子间的啮合作用，形成连续的齿间容积，旋转过程中，齿间容积经历先增加后减小的过程，由此实现气体的吸入、压缩和排出，这也是双螺杆压缩机属于容积式压缩机的原因，即气体的压力变化是通过其容积变化实现的，由于齿间容积是连续的，所以压缩机的排气过程也是连续的。相较活塞式压缩机而言，它的转速更高，每转有多个工作容积同时作用，具有固定的内容积比，吸气和排气过程更为复杂。

图 3-4 所示为双螺杆压缩机基本结构。双螺杆压缩机是双轴回转式压缩机，它没有气阀，核心部件是一对相互啮合的带有若干螺旋齿叶的阴转子和阳转子，以及转子周向和两端外部包围着的"8"字形的缸体，缸体上布置有形状比较复杂的吸、排气口。阴、阳转子以各自轴线为中心转动，两只转子从本质上来说是一对相互啮合的斜齿轮，只是为了增大输气量而加深了齿槽，并且需要同时兼顾动力传动及气体密封。

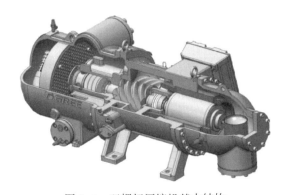

图 3-4　双螺杆压缩机基本结构

3.2.2　冷水机组系统管路

3.2.2.1　冷水机组系统管路设计基本原则

（1）机组总体结构设计时应考虑减少运输过程中对管路、阀件等的磕碰、振动等安全问题。

（2）尽量用弯管替代弯头，以便减少焊点和泄漏。

（3）管路布局尽量紧凑，减少系统沿程阻力。

（4）膨胀阀尽量靠近蒸发器进口，减少节流损失。

3.2.2.2 R513A 冷水机组管路设计

R513A 冷水机组系统管路大致可分为压缩机吸气管路、压缩机排气管路、蒸发器供液管路、补气管路、冷冻油回油管路等。结合 R513A 物性特点，分别进行分析整理，确定合理设计原则。

（1）压缩机吸气管路。根据制冷剂物性，理论上 R513A 与 R134a 吸气管路流速、压降等对比见表 3-2。

表 3-2　理论上 R513A 与 R134a 吸气管路流速、压降等对比

制冷剂	流速/ （m/s）	单位长度温降/ （K/m）	压降/ （Pa/m）	总温降/ K	总压降/bar
R134a	15.23	0.01	126.72	0.1	0.0126
R513A	15.23	0.01	145.42	0.11	0.0145
R513A 相对于 R134a 的提升比例	0	0	14.76%	10.00%	15.08%

注　1. $1bar = 10^5 Pa$。

　　2. 吸气管路内径为 152.4mm，长度为 10m。

理论上，R513A 的吸气阻力稍高于 R134a，因此吸气管路在设计时应尽量减少管路沿程阻力，避免压降对机组性能的影响。在保证系统正常回油的情况下，适当增大管道直径，缩短管道长度，可以降低吸气压降。

通过分析样机实际测试数据，可以得出结论，实际测试数据与理论值相符。图 3-5 所示为 R513A 和 R134a 吸气管路压降实验对比结果。

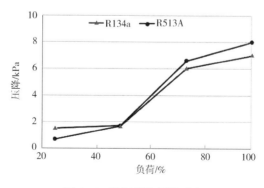

图 3-5　吸气管路压降对比

R513A 吸气管路压降比 R134a 稍高，但不影响机组的运行范围，因此替代 R134a 对机组的影响较小。

（2）压缩机排气管路。根据制冷剂物性，理论上，R513A 与 R134a 排气管路流速、压降等对比见表 3-3。

表 3-3　理论上 R513A 与 R134a 排气管路流速、压降等对比

制冷剂	流速/（m/s）	单位长度温降/（K/m）	压降/（Pa/m）	总温降/K	总压降/bar
R134a	12.61	0.01	352.82	0.26	0.0705
R513A	12.66	0.01	407.34	0.29	0.0814
R513A 相对于 R134a 的提升比例	0.40%	0	15.45%	11.54%	15.46%

注　1. 1bar = 10^5Pa。

　　2. 排气管路内径为 101.6mm，长度为 20m。

压缩机为防止停机反转，均会配置排气止回阀。为了减少油对系统的影响，R513A 机组通常应配备高效的油分离器，将润滑油从排气中分离出来，再通过回油管道将分离出来的油送回压缩机，以保证压缩机安全可靠运行。

理论上，R513A 的排气阻力高于 R134a，样机测试结果也验证了这一理论数据。由实验数据可知，随着压缩机负荷上升，机组排气管路压降上升。相同压缩机负荷下，R513A 排气管路压降明显高于 R134a。满负荷时，R513A 机组排气管路压降接近 R134a 压降的 2 倍。因此，R513A 螺杆冷水机组排气管路在设计时应采用阻力尽量小的结构，压缩机排气止回阀应选择阻力小的结构形式，管径和管长综合考虑，尽量减小排气管上弯头和油分离器的阻力。

R513A 机组与 R134a 机组排气管路压降如图 3-6 所示。

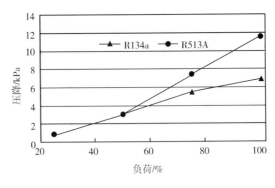

图 3-6　排气管路压降对比

（3）蒸发器供液管路。根据制冷剂物性，理论上，R513A 与 R134a 液体管路流速、压降等对比见表 3-4。

表 3-4　理论上 R513A 与 R134a 液体管路流速、压降等对比

制冷剂	流速/ （m/s）	单位长度温降/ （K/m）	压降/ （Pa/m）	总温降/ K	总压降/bar
R134a	1.4	0.01	248.14	0.09	0.0248
R513A	1.69	0.01	338.71	0.12	0.0338
R513A 相对于 R134a 的提升比例	20.71%	0	36.50%	33.33%	36.29%

注　液体管路内径为 60.325mm，长度为 10m。

通过 R513A 样机测试，整理测试数据并分析，可以得出结论：R513A 液相体积流量增加，膨胀阀开度比 R134a 机组大。根据这一测试结果，在选用电子膨胀阀时应适当加大型号。电子膨胀阀由微处理器进行控制，调节蒸发器的供液量，应尽量靠近蒸发器安装。为保证电子膨胀阀稳定可靠运行，通常在液管上应配置干燥过滤器。

（4）补气管路。带补气系统的 R513A 机组在不同蒸发器出水温度时的排气温度如图 3-7~图 3-9 所示。由图中实验数据可知，蒸发温度相对稳定时，随着冷凝温度上升，机组排气温度上升。相同工况下，R513A 排气温度略低于 R134a。

R513A 机组与 R134a 输气量实验对比如图 3-10 所示，两者输气量基本相同。

（5）冷冻油回油管路。R513A 机组冷冻油与 R134a 机组冷冻油相同，冷冻油的充注量也基本相同。R513A 制冷剂的充注量比 R134a 稍低，采用降膜蒸发器后，制冷剂充注量可以较大幅减少，有利于降低机组成本。R513A 机组为保证能效，设计上基本都是配置满液式蒸发器或降膜式蒸发器，都存在冷冻油系统回油问题，但原理上与 R134a 产品一致，属于成熟的技术。

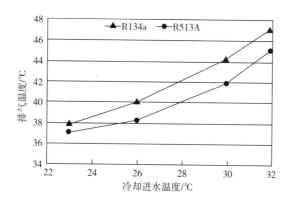

图 3-7　蒸发器 5℃出水时的排气温度

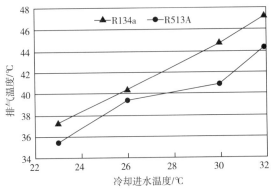

图 3-8　蒸发器 10℃ 出水时的排气温度

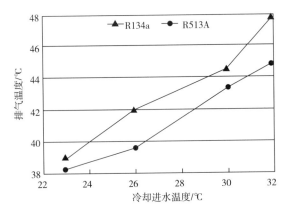

图 3-9　蒸发器 15℃ 出水时的排气温度

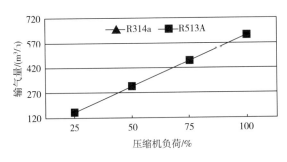

图 3-10　不同负荷下的输气量

　　对于 R513A 多压缩机机组，如果压缩机采取并联方式且共用系统，为保证各螺杆压缩机油位正常，需考虑设置油平衡系统。

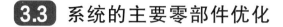

3.3　系统的主要零部件优化

3.3.1　换热器

3.3.1.1　蒸发器设计

蒸发器在制冷系统中是产生冷效应的换热器，依靠制冷剂液体的蒸发来吸收被冷却介质的热量，对外输出冷量。

3.3.1.1.1　蒸发器分类

在螺杆式冷水机组中，按照制冷剂在蒸发器内的充满程度以及蒸发程度，可分为干式蒸发器、满液式蒸发器、降膜式蒸发器三种。

（1）干式蒸发器。干式蒸发器的制冷剂在管内流动，水在管外流动。为了增加水侧换热，在筒体传热管的外侧设有若干个折流板，使水多次横掠管束流动。

①优点。制冷剂流经管内，流速大，可以通过气态制冷剂直接回油；制冷剂充灌量只有满液式的 1/2~2/3。

②缺点。实际应用中，存在以下缺点：

a. 节流后制冷剂液体分配不均匀，影响传热管束整体效率的发挥，使系统在低于设计蒸发温度的条件下运行，其制冷效果也随之受到影响，同时造成膨胀阀开度不足，从而使系统供液不足。

b. 回气过热度高，增大了蒸发器的换热面积。

c. 换热管程的压力损失，降低了机组效率。由于气体较高的流速和较长的流程，给系统带来的压力损失不低于 30kPa，如制冷剂为 R22，将直接降低蒸发温度 1.7℃左右，导致机组效率下降约 5%；如制冷剂为 R134a，将直接降低蒸发温度 2.6℃左右，导致机组效率下降约 8%。

d. 水侧清洗不便，换热效率衰减不可避免。随着机组运行时间的增加，管外水垢不断加重，效率也日渐下降。

因此，干式蒸发器虽然具有制冷剂填充量少的优点，但其换热性能低、维护性较差等缺点导致其使用局限性突出。

（2）满液式蒸发器。

①优点。满液式蒸发器的优点是完全湿润的传热表面，可以增加蒸发器的使用效率，提高系统低压侧压力，且压缩机吸气过热度较小，增加压缩机效率和质量流量；

液态制冷剂在蒸发器壳侧沸腾蒸发，压缩机吸气压损较小，换热器内部温度场均匀，结构紧凑，传热系数较高。

②缺点。

a. 制冷剂填充量大，为干式机组的 1.5~2 倍。制冷剂充注量大幅提升，增加了机组的制造成本。一旦出现泄漏，不仅经济损失较大，而且对环境造成严重影响。

b. 蒸发器内部制冷剂液位控制复杂。如果液位太低，则会造成蒸发器效率无法发挥；如果液位太高，则会造成吸气带液，压缩机无法正常工作。因此维持理想的液位高度是其可靠运行的前提。

c. 液面高度影响换热效率。换热管被制冷剂浸没，必定具有一定的制冷剂高度，而这个高度产生的静液柱压力，将会导致蒸发器底部蒸发温度高于上部，使换热效率下降。

故而，满液式蒸发器虽然效率较高，但是其制冷剂填充量大，控制复杂。与干式机组相比，满液式机组虽然在能效比上有较大提升，但其存在蒸发器液位控制困难、系统回油困难、制冷剂充灌量大等问题。与同冷量干式机组相比，满液式冷水机组的制冷剂填充量需要增加 50% 以上。根据《基加利修正案》设定的削减时间表，中国将在 2024 年对 HFCs 的生产量和消费量进行冻结，并逐年削减其应用。故在换热器设计中，在保证高换热性能的前提下重点需考虑控制制冷剂充灌量。满液式蒸发器的特点显然与上述要求并不相符。

（3）降膜式蒸发器。降膜式蒸发器与干式、满液式蒸发器相比，其制冷剂填充量与干式机组相当，却拥有比满液式机组更高的换热系数。不仅符合市场发展需求，同时符合国家节能环保需求。考虑到 R513A 制冷剂价格昂贵，故对 R513A 机组建议采用降膜式蒸发器。

本项目围绕 R513A 的应用要求对降膜式蒸发器内部结构进行了深入研究，确保喷淋制冷剂与换热管的有效接触，提高蒸发器的换热效率，具体包括换热管的齿型研究、布液器结构研究、气流通道研究、换热管的布管方式、制冷剂流量控制方式优化等方面的工作，确保蒸发器换热充分，冷冻油顺利回到压缩机。

3.3.1.1.2 降膜式蒸发器设计

（1）降膜式蒸发器制冷剂分配器的设计技术。制冷剂分配器是水平管式降膜蒸发器核心部件，如图 3-11、图 3-12 所示，其制冷剂分配的均匀性对降膜式蒸发器换热性能起着决定性的作用。通过计算机流体动力学（CFD）仿真分析多次优化设计后的制冷剂分配器分配性能符合降膜蒸发器的制冷剂均匀分配性能要求，如图 3-13 所示。

分配器的工作原理：气液混合物工质从进液管进入分配器，通过第一层纵向分配，沿着换热器的长度方向流入下方布液分配腔，布液分配腔内沿高度方向平行布设有分液板 1、分液板 2 和分液板 3，分液板上均匀布设若干分液孔，每层出液孔的位置交错

16

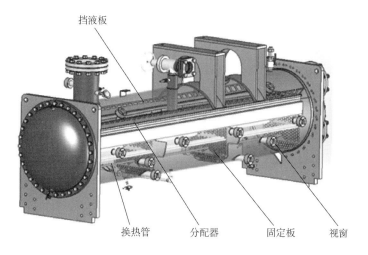

挡液板

换热管　分配器　固定板　视窗

图 3-11　降膜式蒸发器

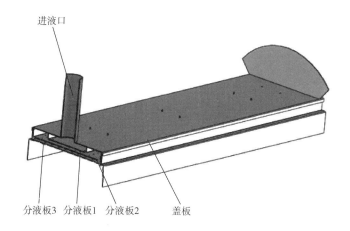

进液口

分液板3　分液板1　分液板2　盖板

图 3-12　制冷剂分配器

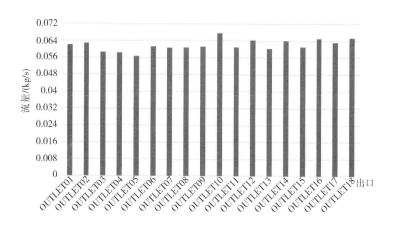

图 3-13　CFD 仿真分配器流量分配均匀性

设置。通过三层分液板分配的圆孔向第一滴淋区换热的管群进行滴淋，此时一部分液态工质吸热相变为气态工质，剩余的液态工质滴落到第二滴淋区换热的管群，一部分液态工质吸热相变为气态，剩余液态工质降落在换热器底部，形成液位，并与满液区换热管群进行换热。

（2）降膜式蒸发器设计注意事项。壳管式蒸发器设计时，需要遵循以下相关规定：TSG 21—2016《固定式压力容器安全技术监察规程》[3]；NB/T 47012—2020《制冷装置用压力容器》[4]。

通过如下的综合设计，可以提高壳管式蒸发器的换热性能，降低制冷剂充注量。

①优选性能优良的蒸发换热管；

②优化换热管内水流速及流程数；

③优化换热管的管束排布；

④优化蒸发器吸气通道制冷剂的均匀分布流通性；

⑤优化水平管式降膜蒸发器的制冷剂分配器均匀性设计；

⑥优化水平管式降膜蒸发器的回油设计。

（3）降膜式换热管性能测试。

①在设计换热器时，首先针对 R513A 和 R134a 制冷剂分别进行（3/4″）❶ 单管蒸发性能测试，主要目的是测试蒸发管在不同水流速下管内侧 STCi 系数、阻力特性系数 f 与雷诺数 Re 的特征关系。测试条件：采用相同的降膜换热试样管，蒸发温度（5±0.03）℃，定热流密度（35kW/m²），不同的水流速（1.0~3.4m/s）。制冷剂物性参考科慕 CRE 软件数据。测试结果见表 3-5 和表 3-6。

表 3-5 （3/4″）单管蒸发性能测试结果（R513A 制冷剂）

项目	1	2	3	4	5	6	7
蒸发饱和温度/℃	4.99	5.01	5.03	5.00	4.98	4.99	5.03
进水温度/℃	8.53	8.73	9.18	9.56	10.12	11.19	12.9
出水温度/℃	6.83	6.85	6.94	6.94	6.96	7.07	7.25
水体积流量/（m³/h）	2.626	2.330	2.001	1.702	1.393	1.082	0.785
水压差/kPa	62.00	49.93	38.09	28.39	19.82	12.59	6.99
换热量/W	5274.3	5161.5	5275.7	5206.2	5139.4	5203.8	5166.6
传热面积/m²	0.148	0.148	0.148	0.148	0.148	0.148	0.148
水流速 u/（m/s）	3.388	3.0058	2.5905	2.196	1.7971	1.396	1.0125
热流密度/（W/m²）	35626	34864	35635	35165	34715	35150	34898

❶ 3/4″，上标"″"指英寸。

续表

项目	1	2	3	4	5	6	7
对数平均温差/℃	2.5951	2.673	2.8852	3.061	3.309	3.7745	4.4701
综合传热系数 K/[W/(m²·K)]	13730	13045	12352	11490	10492	9313	7807.7
Re（雷诺数）	40592	36130	31388	26756	22083	17456	13013
Pr（普朗特数）	9.9653	9.9282	9.8413	9.7809	9.6889	9.5027	9.2175
$1/K$	$7×10^{-5}$	$8×10^{-5}$	$8×10^{-5}$	$9×10^{-5}$	$1×10^{-4}$	$1×10^{-4}$	$1×10^{-4}$
$u^{-0.8}$	0.3767	0.4146	0.467	0.533	0.6257	0.7657	0.9901
威尔逊梯度	$9×10^{-5}$	$9×10^{-5}$	$9×10^{-5}$	$9×10^{-5}$	$9×10^{-5}$	$9×10^{-5}$	$9×10^{-5}$
STCi 系数	0.0927	0.0926	0.0922	0.0921	0.0918	0.0911	0.0901
管内传热系数/[W/(m²·K)]	33622	30590	27252	23927	20448	16825	13161
管外传热系数/[W/(m²·K)]	25655	25349	25519	25341	25226	25174	24045
摩擦因子	0.0596	0.061	0.0627	0.065	0.0678	0.0714	0.0753

表 3-6 （3/4″）单管蒸发性能测试结果（R134a 制冷剂）

项目	1	2	3	4	5	6	7
蒸发饱和温度/℃	5.00	5.03	5.01	5.00	5.01	5.00	4.97
进水温度/℃	8.66	8.93	9.24	9.66	10.34	11.30	13.07
出水温度/℃	6.98	7.02	7.05	7.07	7.15	7.20	7.32
水体积流量/(m³/h)	2.63	2.32	2.02	1.70	1.40	1.09	0.77
水压差/kPa	60.92	48.53	37.42	27.73	19.50	12.36	6.61
换热量/W	5230.8	5189.9	5194.5	5170.9	5220.4	5200.0	5184.1
传热面积/m²	0.148	0.148	0.148	0.148	0.148	0.148	0.148
水流速 u/(m/s)	3.40	3.00	2.60	2.20	1.81	1.40	1.00
热流密度 q/(W/m²)	35332	35056	35087	34927	35262	35124	35016
对数平均温差/℃	2.74	2.84	3.01	3.19	3.50	3.89	4.65
综合传热系数 K/[W/(m²·K)]	12917.3	12337.0	11671.8	10957.7	10087.7	9021.9	7526.7
Re（雷诺数）	40858	36224	31578	26851	22341	17584	12871
Pr（普朗特数）	9.920	9.870	9.815	9.744	9.622	9.466	9.181
动力黏度（按定性温度）/[kg/(m·s)]	0.0014	0.0014	0.0014	0.0014	0.0013	0.0013	0.0013
$1/K$	$7.74×10^{-5}$	$8.11×10^{-5}$	$8.57×10^{-5}$	$9.13×10^{-5}$	$9.91×10^{-5}$	$1.11×10^{-4}$	$1.33×10^{-4}$
$u^{-0.8}$	0.3760	0.4155	0.4656	0.5329	0.6230	0.7634	1.0016

续表

项目	1	2	3	4	5	6	7
威尔逊梯度	8.8×10^{-5}	8.8×10^{-5}	8.8×10^{-5}	8.8×10^{-5}	8.8×10^{-5}	8.8×10^{-5}	8.8×10^{-5}
STCi 系数	0.0935	0.0933	0.0931	0.0929	0.0925	0.0920	0.0909
管内传热系数 h_i/[W/(m²·K)]	34071	30888	27619	24194	20792	17064	13151
管外传热系数 h_0/[W/(m²·K)]	22724	22622	22491	22618	22531	22657	21595
摩擦因子	0.058	0.060	0.061	0.063	0.066	0.070	0.073

根据表 3-5、表 3-6 中两种制冷剂降膜蒸发单管定热流密度、变水流速时的性能测试结果对比可知：

a. 蒸发管内传热系数在相同管内水流速下基本一样。

b. 随着管内水流速的增加，管内传热系数随之加大，如图 3-14 所示。

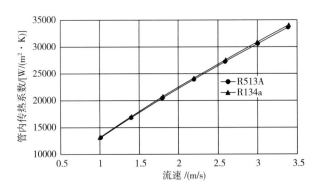

图 3-14 水流速与管内传热系数的关系

c. 对于 R513A：平均 STCi = 0.0918；对于 R134a：平均 STCi = 0.0926。

d. 管内水流速越大，摩擦因子越小，如图 3-15 所示。

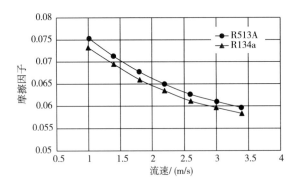

图 3-15 水流速与摩擦因子的关系

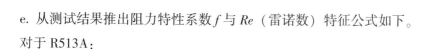

e. 从测试结果推出阻力特性系数 f 与 Re（雷诺数）特征公式如下。

对于 R513A：

$$f = 0.4809 Re^{-0.19614}$$

②然后测试降膜蒸发管在给定水流速、不同热流密度下的管外传热系数，建立在 R513A 制冷剂运行条件下热流密度 q 和管外换热系数 h_0 之间的传热关联式。测试条件：同样的换热管，蒸发温度 $(5\pm0.03)\,℃$，定管内水流速 $[(2.2\pm0.01)\,m/s]$，不同的热流密度（$12\sim47\,kW/m^2$）。制冷剂物性参考科慕 CRE 软件数据。测试结果见表 3-7 和表 3-8。

表 3-7 （3/4″）单管蒸发性能测试结果（R513A 制冷剂）

项目	1	2	3	4	5	6	7	8
蒸发饱和温度/℃	5.01	4.98	5.04	5.00	4.97	5.02	4.98	5.04
进水温度/℃	6.76	7.36	7.98	8.52	9.13	9.81	10.37	11.07
出水温度/℃	5.84	6.07	6.35	6.54	6.75	7.03	7.24	7.55
水体积流量/(m³/h)	1.71	1.71	1.71	1.71	1.71	1.70	1.70	1.70
水压差/kPa	28.66	28.78	28.59	28.69	28.51	28.33	28.19	28.12
换热量/W	1848.5	2596.5	3262.6	3982.9	4748.7	5528.6	6213.3	6988.4
传热面积/m²	0.148	0.148	0.148	0.148	0.148	0.148	0.148	0.148
水流速 u/(m/s)	2.20	2.21	2.20	2.21	2.20	2.20	2.19	2.19
热流密度 q/(W/m²)	12486	17538	22038	26903	32076	37344	41968	47204
对数平均温差/℃	1.23	1.66	2.01	2.40	2.80	3.21	3.60	4.01
综合传热系数 K/[W/(m²·K)]	10118	10585	10946	11212	11448	11640	11656	11766
Re（雷诺数）	25299	25709	26003	26334	26608	26906	27171	27573
Pr（普朗特数）	10.435	10.290	10.137	10.014	9.881	9.726	9.603	9.448
动力黏度（按定性温度）/[kg/(m·s)]	0.0014	0.0014	0.0014	0.0014	0.0014	0.0014	0.0013	0.0013
$1/K$	9.9×10^{-5}	9.4×10^{-5}	9.1×10^{-5}	8.9×10^{-5}	8.7×10^{-5}	8.6×10^{-5}	8.6×10^{-5}	8.5×10^{-5}
平均 STCi 系数	0.0918	0.0918	0.0918	0.0918	0.0918	0.0918	0.0918	0.0918
管内传热系数 h_i/[W/(m²·K)]	23352	23548	23655	23800	23895	23991	24083	24247
管外传热系数 h_0/[W/(m²·K)]	19963	21676	23127	24176	25180	25996	25954	26283
摩擦因子	0.065	0.065	0.065	0.065	0.065	0.065	0.065	0.065

表 3-8　（3/4″）单管蒸发性能测试结果（R134a 制冷剂）

项目	1	2	3	4	5	6	7	8
蒸发饱和温度/℃	5.03	4.98	4.99	5.02	5.02	4.95	4.97	5.00
进水温度/℃	6.85	7.45	8.06	8.70	9.31	9.85	10.47	11.11
出水温度/℃	5.95	6.16	6.41	6.68	6.93	7.10	7.36	7.64
水体积流量/(m³/h)	1.71	1.71	1.71	1.71	1.71	1.71	1.71	1.71
水压差/kPa	28.13	27.94	28.04	27.90	28.02	27.90	27.80	27.89
换热量/W	1830.7	2585.8	3311.6	4036.5	4784.2	5491.1	6226.9	6948.8
传热面积/m²	0.148	0.148	0.148	0.148	0.148	0.148	0.148	0.148
水流速 u/(m/s)	2.21	2.20	2.21	2.20	2.21	2.21	2.21	2.21
热流密度 q/(W/m²)	12366	17466	22369	27265	32315	37090	42060	46936
对数平均温差/℃	1.32	1.75	2.15	2.53	2.94	3.33	3.74	4.14
综合传热系数 K/[W/(m²·K)]	9369	9999	10427	10777	11002	11126	11256	11346
Re（雷诺数）	25428	25682	26110	26410	26820	27066	27444	27845
Pr（普朗特数）	10.399	10.259	10.113	9.963	9.822	9.709	9.569	9.428
动力黏度（按定性温度）/[kg/(m·s)]	0.0014	0.0014	0.0014	0.0014	0.0014	0.0013	0.0013	0.0013
$1/K$	1.1×10^{-4}	1.0×10^{-4}	9.6×10^{-5}	9.3×10^{-5}	9.1×10^{-5}	9.0×10^{-5}	8.9×10^{-5}	8.8×10^{-5}
平均 STCi 系数	0.0926	0.0926	0.0926	0.0926	0.0926	0.0926	0.0926	0.0926
管内传热系数 h_i/[W/(m²·K)]	23640	23726	23933	24041	24231	24317	24478	24653
管外传热系数 h_0/[W/(m²·K)]	17069	19218	20684	22004	22771	23217	23617	23828
摩擦因子	0.064	0.064	0.063	0.063	0.063	0.063	0.063	0.063

根据表 3-7、表 3-8 中两种制冷剂降膜蒸发单管定管内水流速、变热流密度时的性能测试结果对比可知：

a. 降膜蒸发管在相同水流速及饱和温度、不同热流密度（12～47kW/m²）条件下，R513A 管外传热系数比 R134a 平均高 11%，综合传热系数比 R134a 平均高 4.8%，如图 3-16、图 3-17 所示。

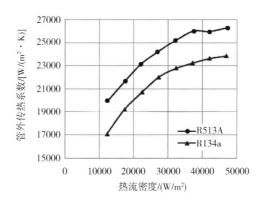

图 3-16 热流密度与管外传热系数关系

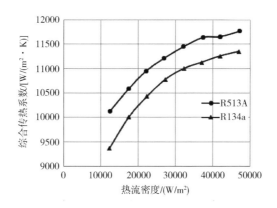

图 3-17 热流密度与综合传热系数关系

b. 随着热流密度的上升，管外传热系数及综合传热系数呈上升的趋势。

c. 从测试数据拟合此管型的管外传热系数与热流密度关联式。

对于 R513A：

$$h_0 = 2838.519 \times q^{0.2068}$$

针对不同管径、不同管型的高效管，此关联式并不相同。

根据前述的单管蒸发性能测试结果，为了达到较好的蒸发器换热性能，换热器管内的水流速范围一般选取在 2.0~3.0m/s，这样就可以获得更高的管内换热系数。实际设计过程中，还需要考虑换热器的水阻力和蒸发温度是否符合设计目标要求，通过调整流程数和每个流程的管子数量来达到最优的管内换热系数。

3.3.1.1.3 降膜式蒸发器布管设计

在降膜式蒸发器管束排布方面，需考虑最大限度地降低垂直方向相邻管子的间距，进而不会导致液体制冷剂下落过程中撞击换热管壁的制冷剂飞溅，更利于液膜包裹蒸发管。

因 R513A 制冷剂成本较高，采用降膜式蒸发器设计可以降低制冷剂充注量。通过对降膜式蒸发器整个换热管束的 CFD 流场仿真分析，找到最佳管间距。

降膜式蒸发器的吸气通道设计的好坏，决定了蒸发器筒体长度方向上换热管束间流场的整体均匀性。吸气通道设计不好易造成换热器内部一端速度高，另一端速度低，易出现局部位置吸气带液。通过等截面吸气通道变进气口均匀吸气的流体 CFD 仿真设计，可以实现整个筒体长度方向上管束间的排气均匀性。

降膜式蒸发器回油时相对容易些，制冷剂中富集的冷冻润滑油主要集中在蒸发器最底部。另外，为了能够让冷冻润滑油更好地富集在蒸发器回油口位置，可以在蒸发器底部满溢管上部设置一个制冷剂导流板，让满溢管束部分的制冷剂可以沿着管束的一端横向流动到管束的另一端，使引射回油口位置更加富集冷冻油，进而提高整个机组的引射回油效率。

3.3.1.2 冷凝器设计

3.3.1.2.1 冷凝器设计注意事项

壳管式冷凝器设计时，需要遵循以下相关规定：

TSG 21—2016《固定式压力容器安全技术监察规程》[3]；NB/T 47012—2020《制冷装置用压力容器》[4]。

通过以下综合设计，可以提高壳管式冷凝的换热性能。

（1）优选性能优良的冷凝换热管；

（2）优化换热管内水流速及流程数；

（3）优化换热管的管束排布；

（4）优化冷凝器内部气体制冷剂的分布；

（5）优化冷凝管外液膜厚度（冷凝器内部分液挡板技术）；

（6）优化冷凝器过冷段的设计。

3.3.1.2.2 冷凝器布管设计

为了达到冷凝器较好的换热性能，换热管内设计的水流速范围一般控制在 2.0～3.0m/s，这样就可以获得更高的管内换热系数。实际设计过程中，还需要考虑换热器的水阻力和冷凝温度是否符合设计目标要求，通过调整流程数和每个流程的管子数量来达到最优的管内换热系数。

在冷凝器管束排布方面，需要考虑如何最大限度地降低管子外部冷凝液膜的厚度（冷凝液滴下落高度大）。

为了实现换热器内部各个位置等量分配制冷剂气体，冷凝器可以采用中间分液技术，在冷凝器筒体中间设置分液板，可有效减少冷凝下半部的冷凝管束的管外液膜厚度和传热热阻，从而提高换热效率。

同时，还可以采用冷凝器深度过冷技术，可有效降低出口液体温度以增加液体制冷剂过冷度，从而有效提高机组的制冷或制热能效。

3.3.1.2.3 冷凝管性能测试

（1）在设计换热器时，首先针对 R513A 和 R134a 制冷剂分别进行（3/4″）单管冷凝性能测试，主要目的是测试冷凝管在不同水流速下管内侧 STCi 系数、阻力特性系数 f 与雷诺数 Re 的特征关系。测试条件：采用相同的冷凝试样管，冷凝温度（39±0.03）℃，定热流密度（45kW/m²），不同的水流速（1.0~3.4m/s）。制冷剂物性参考科慕 CRE 软件数据。测试结果见表 3-9 和表 3-10。

表 3-9 （3/4″）单管冷凝性能测试结果（R513A 制冷剂）

项目	1	2	3	4	5	6	7
冷凝饱和温度/℃	39.04	38.97	38.97	38.97	38.98	39.02	38.98
进水温度/℃	32.27	31.89	31.44	30.88	30.03	28.96	26.74
出水温度/℃	34.59	34.51	34.47	34.45	34.4	34.51	34.47
水体积流量/(m³/h)	2.52	2.22	1.93	1.63	1.34	1.04	0.74
水压差/kPa	53.5	42.6	33.24	24.79	17.53	11.19	6.28
换热量/W	6708.4	6665.4	6716.7	6714.2	6774.8	6646.8	6641.6
传热面积/m²	0.15	0.15	0.15	0.15	0.15	0.15	0.15
水流速 u/(m/s)	3.4	2.99	2.6	2.2	1.81	1.4	1
热流密度 q/(W/m²)	45192	44903	45248	45232	45640	44778	44743
对数平均温差/℃	5.53	5.67	5.89	6.13	6.53	6.91	7.75
综合传热系数 K/[W/(m²·K)]	8171.9	7914.2	7682.6	7374.6	6989.8	6476.3	5774.3
Re（雷诺数）	75797	66295	57315	48254	39328	30047	21052
Pr（普朗特数）	4.85	4.88	4.91	4.94	4.99	5.05	5.19
$1/K$	0.0001	0.0001	0.0001	0.0001	0.0001	0.0002	0.0002
$u^{-0.8}$	0.375	0.416	0.466	0.532	0.622	0.765	0.998
威尔逊梯度	8×10^{-5}	8×10^{-5}	8×10^{-5}	8×10^{-5}	8×10^{-5}	8×10^{-5}	8×10^{-5}
STCi 系数	0.0733	0.0734	0.0736	0.0738	0.0741	0.0743	0.075
管内传热系数/[W/(m²·K)]	38697	34825	31059	27130	23121	18723	14223
管外传热系数/[W/(m²·K)]	10843	10769	10799	10799	10798	10858	10971
摩擦因子	0.05	0.052	0.053	0.056	0.058	0.062	0.068

表 3-10 （3/4″）单管冷凝性能测试结果（R134a 制冷剂）

项目	1	2	3	4	5	6	7
冷凝饱和温度/℃	39.05	39.03	39.01	39.01	39.02	39.02	38.96
进水温度/℃	33.03	32.67	32.27	31.66	30.90	29.58	27.34
出水温度/℃	35.36	35.30	35.27	35.22	35.22	35.16	35.11
水体积流量/(m³/h)	2.51	2.23	1.93	1.64	1.33	1.04	0.74
水压差/kPa	52.46	42.29	32.95	24.56	17.21	11.04	6.12
换热量/W	6721.69	6723.62	6693.60	6702.10	6651.28	6677.69	6650.04
传热面积/m²	0.148	0.148	0.148	0.148	0.148	0.148	0.148
水流速 u/(m/s)	3.39	3.00	2.60	2.21	1.80	1.40	1.00
热流密度 q/(W/m²)	45282	45295	45093	45150	44808	44986	44799
对数平均温差/℃	4.76	4.93	5.10	5.38	5.69	6.24	7.03
综合传热系数 K/[W/(m²·K)]	9505.1	9184.0	8845.8	8397.8	7874.7	7207.6	6372.8
Re（雷诺数）	76662	67642	58426	49152	39785	30462	21223
Pr（普朗特数）	4.767	4.790	4.814	4.851	4.894	4.974	5.111
$1/K$	0.00011	0.00011	0.00011	0.00012	0.00013	0.00014	0.00016
$u^{-0.8}$	0.377	0.415	0.465	0.531	0.625	0.765	1.002
威尔逊梯度	8.30×10^{-5}	8.30×10^{-5}	8.30×10^{-5}	8.30×10^{-5}	8.30×10^{-5}	8.30×10^{-5}	8.30×10^{-5}
STCi 系数	0.0709	0.0710	0.0712	0.0714	0.0716	0.0720	0.0727
管内传热系数 h_i/[W/(m²·K)]	37632	34102	30384	26531	22475	18258	13809
管外传热系数 h_0/[W/(m²·K)]	13476	13392	13396	13315	13319	13361	13806
摩擦因子	0.050	0.051	0.053	0.055	0.058	0.061	0.067

根据表 3-9、表 3-10 中两种制冷剂在冷凝单管定热流密度、变水流速时的性能测试结果对比可知：

①冷凝管内传热系数在相同管内水流速下基本一样。

②随着管内水流速的增加，管内传热系数随之加大，如图 3-18 所示。

③对于 R513A：平均 STCi＝0.0739；对于 R134a：平均 STCi＝0.0715。

④管内水流速越大，摩擦因子越小；相同的水流速下摩擦因子基本相同，如图 3-19 所示。

⑤从测试结果推出阻力特性系数 f 与 Re（雷诺数）特征公式如下。

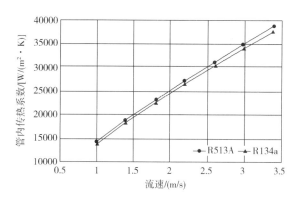

图 3-18 流速与管内传热系数的关系

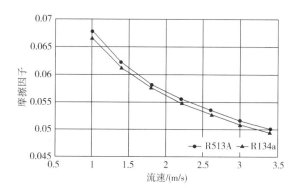

图 3-19 流速与摩擦因子的关系

对于 R513A 制冷剂：

$$f = 0.7403Re^{-0.23984}$$

（2）然后测试冷凝管在给定水流速、不同热流密度下的管外传热系数，建立在 R513A 制冷剂运行条件下热流密度 q 和管外换热系数 h_0 之间的传热关联式。测试条件：同样的换热管，冷凝温度 39℃、定管内水流速（2.2m/s），不同的热流密度（30~76kW/m^2）。制冷剂物性参考科慕 CRE 软件数据。测试结果见表 3-11 和表 3-12。

表 3-11 （3/4″）单管冷凝性能测试结果（R513A 制冷剂）

项目	1	2	3	4	5	6	7	8
冷凝饱和温度/℃	38.97	39.02	38.94	38.97	39.03	39.04	39.02	39.00
进水温度/℃	25.64	26.57	27.38	28.15	29.66	30.89	32.20	33.84
出水温度/℃	31.63	32.09	32.46	32.90	33.75	34.44	35.22	36.21
水体积流量/（m^3/h）	1.63	1.64	1.64	1.64	1.64	1.65	1.64	1.64

项目	1	2	3	4	5	6	7	8
水压差/kPa	25.20	25.19	25.28	25.06	24.98	25.07	24.70	24.55
换热量/W	11313.0	10444.7	9632.8	8983.6	7752.1	6738.6	5689.8	4466.5
传热面积/m²	0.148	0.148	0.148	0.148	0.148	0.148	0.148	0.148
水流速 u/(m/s)	2.20	2.21	2.21	2.21	2.21	2.22	2.21	2.21
热流密度 q/(W/m²)	76212	70363	64893	60520	52224	45396	38331	30089
对数平均温差/℃	10.03	9.42	8.77	8.22	7.13	6.20	5.16	3.86
综合传热系数 K/[W/(m²·K)]	7597	7472	7401	7361	7320	7318	7425	7792
Re（雷诺数）	45297	46108	46814	47350	48621	49754	50596	51921
Pr（普朗特数）	5.445	5.352	5.275	5.198	5.053	4.939	4.820	4.677
$1/K$	0.00013	0.00013	0.00014	0.00014	0.00014	0.00014	0.00013	0.00013
平均 STCi 系数	0.07393	0.07393	0.07393	0.07393	0.07393	0.07393	0.07393	0.07393
管内传热系数 h_i/[W/(m²·K)]	25949	26186	26391	26521	26871	27193	27374	27713
管外传热系数 h_0/[W/(m²·K)]	11393	11066	10872	10760	10611	10549	10742	11459
摩擦因子	0.058	0.057	0.057	0.057	0.057	0.056	0.056	0.056

表 3-12 （3/4″）单管冷凝性能测试结果（R134a 制冷剂）

项目	1	2	3	4	5	6	7	8
冷凝饱和温度/℃	38.99	39.03	39.04	38.99	38.98	39.01	39.00	39.04
进水温度/℃	26.63	27.57	28.38	29.04	30.42	31.60	32.70	34.08
出水温度/℃	32.57	33.08	33.49	33.81	34.51	35.14	35.72	36.48
水体积流量/(m³/h)	1.64	1.63	1.64	1.63	1.64	1.64	1.64	1.64
水压差/kPa	24.98	24.73	24.86	24.61	24.55	24.68	24.60	24.46
换热量/W	11263.3	10393.5	9681.3	8982.3	7704.5	6709.3	5720.3	4540.8
传热面积/m²	0.148	0.148	0.148	0.148	0.148	0.148	0.148	0.148
水流速 u/(m/s)	2.21	2.20	2.21	2.20	2.21	2.21	2.22	2.21
热流密度 q/(W/m²)	75878	70018	65220	60511	51903	45199	38536	30590
对数平均温差/℃	9.07	8.41	7.83	7.31	6.30	5.45	4.63	3.62

续表

项目	1	2	3	4	5	6	7	8
综合传热系数 K/[W/(m²·K)]	8366	8331	8327	8277	8244	8290	8331	8447
Re（雷诺数）	45427	45954	46775	47019	48164	49276	50150	51226
Pr（普朗特数）	5.316	5.223	5.147	5.087	4.963	4.858	4.765	4.650
$1/K$	0.00012	0.00012	0.00012	0.00012	0.00012	0.00012	0.00012	0.00012
平均 STCi 系数	0.0715	0.0715	0.0715	0.0715	0.0715	0.0715	0.0715	0.0715
管内传热系数 h_i/[W/(m²·K)]	25588	25691	25945	25961	26273	26594	26820	27088
管外传热系数 h_0/[W/(m²·K)]	13504	13378	13291	13159	12985	13007	13046	13257
摩擦因子	0.055	0.055	0.055	0.055	0.055	0.055	0.054	0.054

根据表 3-11、表 3-12 中两种制冷剂在冷凝单管定管内水流速、变热流密度时的性能测试结果对比可知：

①冷凝管在相同水流速及饱和温度时，不同热流密度（30~76kW/m²）下，R513A 管外传热系数比 R134a 平均低 17%，综合传热系数比 R134a 平均低 10% 左右。

②随着热流密度的上升，管外传热系数及综合传传系数呈上升的趋势，如图 3-20 和图 3-21 所示。

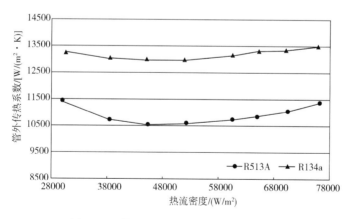

图 3-20　热流密度与管外传热系数的关系

③从测试数据拟合管外传热系数与热流密度的关联式。

对于 R513A 制冷剂：

$$h_0 = 10894 \times q^{0.0003}$$

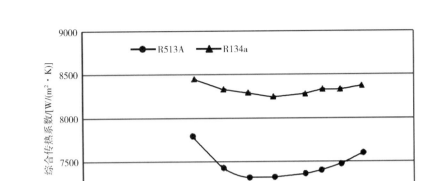

图 3-21　热流密度与综合传热系数的关系

针对不同管径不同管型的高效管，此关联式并不相同。

3.3.2　节流机构

节流装置是制冷循环的四大部件之一，主要功能是节流降压、调节流量。其主要类型有节流孔板、毛细管、调节阀、热力膨胀阀、电子膨胀阀等。节流装置如何选型与机组运行工况、制冷（热）量、制冷剂物性等相关。对于同一机组，制冷剂物性对节流装置的选择非常关键。

3.3.2.1　R513A 和 R134a 物性对比

（1）压力。图 3-22 所示为 R513A 与 R134a 对应饱和压力的比较，图 3-23 所示为 R513A 与 R134a 对应饱和压力压差变化情况。

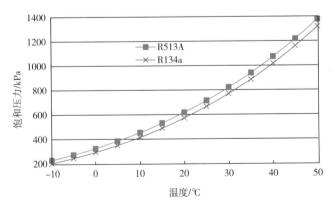

图 3-22　R513A 与 R134a 对应饱和压力比较

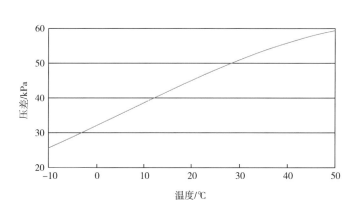

图 3-23　R513A 与 R134a 对应饱和压力压差变化

由图 3-22 可知，在相同温度下，R513A 和 R134a 的饱和压力比较接近，R513A 的饱和压力略高于 R134a。由图 3-23 可知，随着温度的升高，两者的压差变大。对于一般空调工况应用，建议选择不低于 1.6MPa 的承压等级，对于两种制冷剂都可以满足使用。对于热泵工况应用，建议选择不低于 2.0MPa 的承压等级，对于两种制冷剂都可以满足使用。

（2）密度。图 3-24 所示 R513A 与 R134a 对应饱和液态密度的比较，图 3-25 所示为 R513A 与 R134a 对应饱和液态密度比。

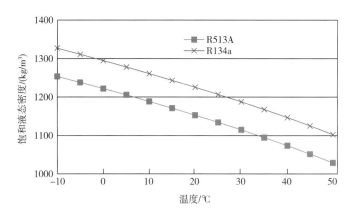

图 3-24　R513A 与 R134a 对应饱和液态密度比较

液态制冷剂密度的不同会影响流经节流装置的体积流量，使节流装置的流通面积不同。由图 3-24 和图 3-25 可知，在相同温度下，R513A 的液态密度比 R134a 小。一般空调或热泵的应用工况条件下，R513A 与 R134a 对应饱和液态密度比在 94% 左右。温度越高，两者比值减小。

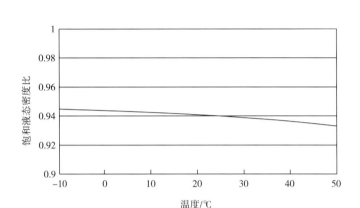

图 3-25　R513A 与 R134a 对应饱和液态密度比

3.3.2.2　循环分析

节流装置的选用与机组运行工况的关系是非常密切的，要考虑压力、流量等对节流装置的影响，尤其是依靠排气过热度控制的节流装置，还要考虑排气温度的影响。根据不同的工况，对应用 R513A 和 R134a 的制冷循环进行了对比分析。循环分析的计算工况为：蒸发温度 -10~10℃，冷凝温度 35~50℃，吸气过热度 0~10℃，过冷度 3℃。

（1）节流降压。图 3-26 所示为 R513A 与 R134a 在不同冷凝温度下系统压降的比较。

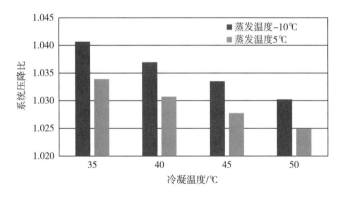

图 3-26　R513A 与 R134a 系统压降的比较

节流装置在制冷循环系统中的重要作用是将高温高压的液态制冷剂转换成低温低压的液态制冷剂。由于制冷剂不同，节流装置要起到的降压作用也不同。在相同工况下，对 R513A 和 R134a 的冷凝压力和蒸发压力的差值进行比较。从图 3-26 中可以看出，R513A 系统产生的压降比 R134a 略大 2%~4%。

（2）体积流量。体积流量的不同主要影响节流装置的流通面积，对节流装置的规格型号可能有影响。图 3-27 所示为 R513A 与 R134a 在不同蒸发温度下体积流量的比较。计算对比的条件为：蒸发温度-10~10℃，冷凝温度 50℃，吸气过热度 5℃，过冷度 3℃。

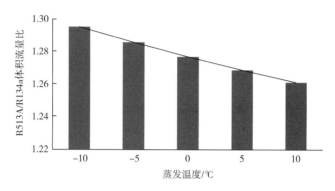

图 3-27　R513A 与 R134a 体积流量的比较

由图 3-27 可知，相同工况下 R513A 比 R134a 的体积流量高。随着蒸发温度提高，两者的体积流量比降低。循环基准下 R513A 比 R134a 的体积流量高 26%~30%。由于 R513A 的体积流量比 R134a 高，因此选择节流装置时注意增大流通面积。

（3）排气温度。图 3-28 所示为 R513A 与 R134a 在不同冷凝温度下排气温度的比较。

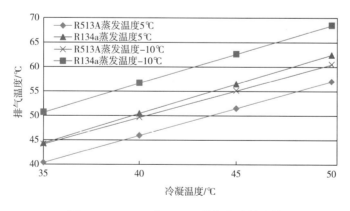

图 3-28　R513A 与 R134a 排气温度的比较

排气温度对节流装置的影响主要是针对采用排气温度控制开度的节流装置，如电子膨胀阀、热力膨胀阀等。由图 3-28 可知，相同工况下 R513A 比 R134a 的排气温度低；随着冷凝温度提高，两者的排气温度差增大；随着蒸发温度降低，两者的排气温度差增大。在本次计算循环参数中，R513A 比 R134a 的排气温度低 3~8℃。因此，以排气过热度控制节流装置，需考虑排气温度变化的影响。

3.3.2.3 选型要点

应用 R513A 制冷剂替代 R134a，针对螺杆冷水（热泵）机组，在节流装置选型时需要结合不同制冷剂的物性特点。综上分析，应用 R513A 制冷剂的螺杆冷水（热泵）机组节流装置选型主要注意以下 4 个方面。

（1）承压方面。由于 R513A 和 R134a 的工作压力相近，通常情况满足 R134a 的承压等级也可以满足 R513A 的使用。建议一般空调工况应用选择不低于 1.6MPa 的承压等级，热泵工况应用选择不低于 2.0MPa 的承压等级，或者根据不同工况的压力情况选择合适的承压等级。

（2）压降方面。在相同工况下对 R513A 和 R134a 的冷凝压力和蒸发压力的差值进行比较，R513A 系统运行时节流装置产生的压降比 R134a 系统略大 2%~4%。

（3）流通面积。根据 R513A 和 R134a 制冷剂的物性和循环分析，相同工况下，R513A 系统节流前的制冷剂体积流量比 R134a 的体积流量高 26%~30%。因此，用于 R513A 系统的节流装置的流通面积要比 R134a 的大将近 30%。

（4）控制方案。节流装置由于形式不同，流通孔径分为固定和可变两种。固定孔径的节流装置主要有孔板和毛细管，系统运行过程中，流通面积无法改变，系统变工况运行的调节能力相对较差。对于螺杆冷水（热泵）机组应用的节流装置大部分为可变孔径，如热力膨胀阀、电子膨胀阀等。对于可变孔径的节流装置就需要特定控制条件来改变流通面积，以适应系统变工况运行。通常采用的控制条件有液位控制、吸气过热度控制、排气过热度控制等。目前使用较多的是排气过热度控制的方式。

由于不同制冷剂的物性参数不同，循环过程的排气温度也会有很大的差异，相同工况下 R513A 比 R134a 的排气温度低 3~8℃，因此，在 R513A 系统采用排气过热度控制节流装置时，要考虑较低的排气过热度对控制方案的影响。

综合考虑 R513A 系统的性能和压缩机的带液风险，节流装置的控制可采用以下方式：

①仍然采用排气过热度控制，考虑 R513A 比 R134a 排气温度低的特点，提高排气温度和冷凝温度（压力）传感器的精度，以保证得到更精确的排气过热度，避免压缩机带液；

②对于干式蒸发器，可以考虑采用吸气过热度控制；

③对于满液式蒸发器、降膜式蒸发器，可以考虑采用液位控制的方式，规避排气

过热度低带来的风险。

3.3.3 压缩机及电动机、油路系统

3.3.3.1 压缩机

3.3.3.1.1 *端面型线啮合间隙的改进*

针对 R513A 制冷剂相较于 R134a 压比小，排气温度低的物性，压缩机在同样的使用条件下，转子的变形小。图 3-29 和图 3-30 所示为阴阳转子内部的温度场有限元分析结果。

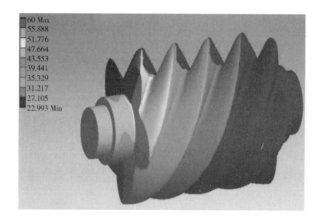

图 3-29 阳转子温度场（℃）

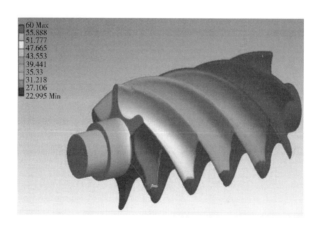

图 3-30 阴转子温度场（℃）

图 3-31~图 3-38 所示为螺杆转子结构应力有限元分析结果。

图 3-31　阳转子 X 方向变形（mm）

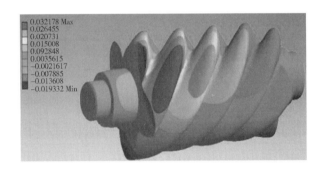

图 3-32　阳转子 Y 方向变形（mm）

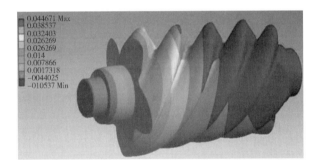

图 3-33　阳转子 Z 方向变形（mm）

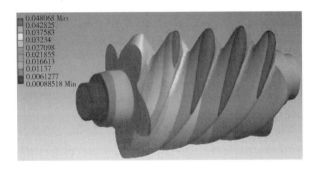

图 3-34　阳转子等效总变形（mm）

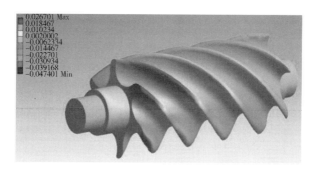

图 3-35 阴转子 X 方向变形（mm）

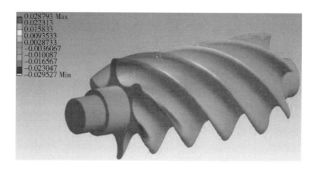

图 3-36 阴转子 Y 方向变形（mm）

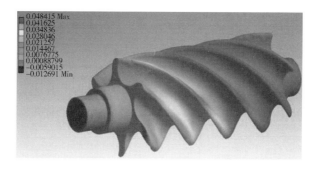

图 3-37 阴转子 Z 方向变形（mm）

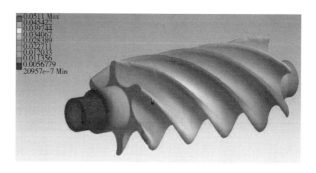

图 3-38 阴转子等效总变形（mm）

从分析结果看，阴阳转子的最大等效总变形为 0.04～0.05mm。

在转子变形减小的前提下，转子的综合啮合间隙适当降低，节圆处由 0.01mm 减小到 0.005mm，非节圆处由 0.07mm 减小到 0.055mm。理论上，啮合间隙每减小 0.01～0.02mm，实际的吸气量增加 0.5%～3%。图 3-39 所示为啮合线示意图。

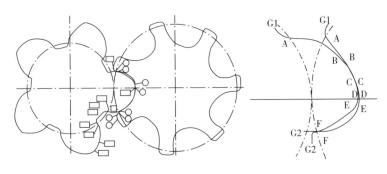

图 3-39　啮合线

3.3.3.1.2　装配间隙的调整

基于上述的分析，压缩机装配时应适当减小其内部的泄漏通道，以此来提高压缩机的效率。如图 3-40 所示装配间隙示意图。

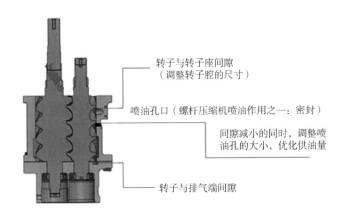

图 3-40　装配间隙

通过以上的措施，压缩机实际的吸气量可以提高 0.5%，效率提高 0.5%～1%。

3.3.3.1.3　排气口内容积比 V_i 的设计

一般的压缩机设计，由于考虑成本、库存等因素，并且兼顾不同的制冷剂和不同的运行工况，径向排气口选用相同的内容积比 V_i。在本项目中，根据 R513A 的物性，改变压缩机的内容积比，特别是排气座上的径向排气口，降低功耗和噪声。排气口设计如图 3-41 所示。

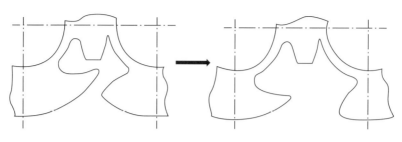

图 3-41　排气口设计

通过加工孔口，将径向排气口适当加大后进行性能试验，与原设计的性能试验数据对比，压缩机的功率相应降低，但幅度不大，可再做进一步的设计改进。

3.3.3.1.4　降噪措施

螺杆压缩机气流脉动诱发的气动噪声是目前压缩机的主要噪声源，尤其是气流脉动基频和二倍频噪声。因此，从抑制气流脉动入手，针对气流脉动基频和二倍频制定降噪方案。

常见的气流脉动衰减措施如缓冲腔、半波长管和共振腔等广泛应用在流体机械中。由于半波长管和共振腔低频衰减效果好，空间体积小，下面的改进方案主要采用这两种原理。

（1）吸气侧降噪方案。图 3-42 所示为吸气消声器的三维结构图、装配图及其降噪效果。由图 3-42 可知，应用吸气消声器后，针对压缩机气流脉动基频，吸气侧消声器的最佳衰减频率为 245Hz，降噪效果稳定在 20dB（A）以上。

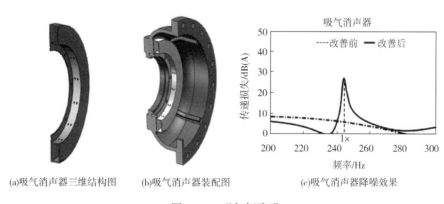

(a)吸气消声器三维结构图　　(b)吸气消声器装配图　　(c)吸气消声器降噪效果

图 3-42　吸气侧降噪

（2）排气轴承座共振腔降噪方案。图 3-43 所示为排气轴承座共振腔外图及其降噪效果。

从图 3-43 中可以看出，排气轴承座共振腔针对压缩机气流脉动基频和二倍频均有显著的降噪效果。针对压缩机气流脉动基频，排气轴承座共振腔的最佳衰减频率为

244Hz，降噪效果为 15dB（A），在 238~248Hz 内都有较好的消声效果，改善效果在 5dB（A）以上；针对压缩机气流脉动二倍频，排气轴承座共振腔的最佳衰减频率为 490Hz，降噪效果为 35dB（A），降噪频率区间也较大，在 482~514Hz 内都有较好的消声效果，改善效果均在 10dB（A）以上。

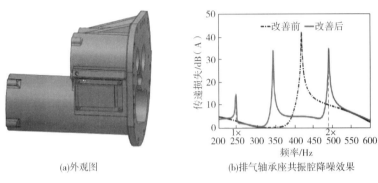

(a)外观图　　　　　(b)排气轴承座共振腔降噪效果

图 3-43　排气轴承座共振腔降噪

（3）排气管路消声器降噪方案。图 3-44 所示为排气管路消声器的结构图及其降噪效果。

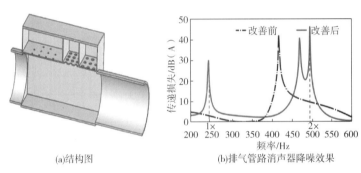

(a)结构图　　　　　(b)排气管路消声器降噪效果

图 3-44　排气管路消声器降噪

从图 3-44 中可以看出，排气管路针对压缩机气流脉动基频和二倍频均有显著的降噪效果。针对压缩机气流脉动基频，排气管路消声器的最佳衰减频率为 248Hz，降噪效果约为 30dB（A），在 238~250Hz 内都有较好的消声效果，改善效果均在 10dB（A）以上；针对压缩机气流脉动二倍频，排气管路消声器的最佳衰减频率为 470Hz 和 496Hz，降噪效果均在 30dB（A）以上，降噪频率区间也较大，在 450~510Hz 内均有较好的消声效果，改善效果在 10dB（A）以上。

3.3.3.1.5　基础壳体承压

本节压缩机壳体承压测试使用的是某公司研发生产的压缩机，涉及的压缩机机型包括 RE-920AH、RE-920AW（RE 系列机型，50Hz 下理论排气量 920M³/h，A 为电动机码，H 对应风冷应用码，W 对应水冷应用码，在不细分时简称 RE-920）、RC2-930AH、RC2-930AW（RC2 系列机型，50Hz 下理论排气量 930m³/h，A 为电机码，H 对应风冷应用码，W 对应水冷应用码，在不细分时简称 RC2-930）。其中，RC2-930 为优化前机型，RE-920 为优化后机型。

R513A、R134a、R1234yf 与 R22 制冷剂饱和温度与绝对压力对比见表 3-13。

表 3-13 R513A、R134a、R1234yf 与 R22 制冷剂饱和温度与绝对压力（MPa）对比

饱和温度/℃	R513A	R134a	R1234yf	R22
-10	0.224	0.2006	0.2217	0.3547
0	0.3219	0.2928	0.3158	0.4979
10	0.4498	0.4146	0.4375	0.6809
20	0.6129	0.5717	0.5917	0.9100
30	0.8171	0.7702	0.7835	1.1919
40	1.0686	1.0166	1.0184	1.5336
50	1.3741	1.3179	1.3023	1.9427
60	1.7408	1.6818	1.6419	2.4275

从表 3-13 中数据可知，在相同饱和温度下，R513A 与 R134a、R1234yf 的使用压力接近，均小于 R22 应用，故可针对此制冷剂应用调整压缩机本体承压强度，以 2.1MPa 为高压段设计压力，1.6MPa 为低压段承压设计，优化整体设计压力。

图 3-45 所示为参考 GB/T 19410—2008 中 5.9 强度试验要求进行的强度试验。经试验验证 RE-920 合格（注：高低压不分开时，参考高压标准验证）。

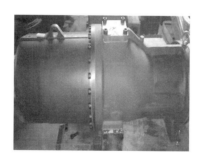

项目	标准	实测	判定
试爆压力	10.5MPa	13MPa	测试压力和保压时间符合 GB/T 19410—2008，且无开裂，故判定合格
保压时间	1min	1min	

图 3-45 强度试验

3.3.3.2　电动机

针对 R513A 开发的高效电动机与普通电动机性能对比见表 3-14。

表 3-14　高效电动机与普通电动机性能对比

电动机种类	负载率/%	25	50	75	100	125	150
普通电动机	功率因素/%	73.62	86.68	89.78	90.28	89.65	88.19
	效率/%	91.84	93.75	93.38	92.27	91.27	89.66
高效电动机	功率因素/%	66.07	84.24	89.2	90.75	90.94	90.29
	效率/%	93.37	94.95	94.57	93.7	92.61	91.31

高效电动机在满载及超载时，相比普通电动机功率因素提升 0.5% 理论值，整体效率提升 1%~2% 理论值。

表 3-15 所示为 RC2-930 压缩机，使用制冷剂 R134a 与 R22 时变工况下的功率差异。从表中数据看，R134a 与 R22 负载差异较大，如兼顾 R22 工况，在 R134a 应用时电动机负率偏低。如无需兼顾 R22 工况，可针对 R134a 等制冷剂适当采用更优搭配电动机方案。

表 3-15　RC2-930 中使用 R134a 与 R22 制冷剂时变工况下功率差异　单位：kW

蒸发温度/冷凝温度/℃	5/40	5/45	5/50	5/55	备注
R134a	130.4	144.3	160.4	178.7	系统过冷度 5℃/吸气过热度 5℃
R22	204.9	224.8	246.5	270.1	

3.3.3.3　油路系统

为降低润滑油对换热器的影响，提高压缩机的分油率，对压缩机的油分离器进行改进，在压缩机内部尺寸受限的条件下，压缩机增加二次油分。如图 3-46 所示为油分布置。

经过测试，增加二次油分后，压缩机的油分效率从 98% 提高到 99.4%。

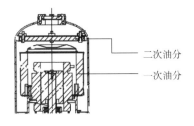

二次油分
一次油分

图 3-46　油分布置

3.4 整机测试与优化

3.4.1 风冷冷水（热泵）机组测试与优化

3.4.1.1 风冷单冷机组测试与优化

本节采用某公司研发生产的压缩机测试风冷单冷工况，涉及的压缩机机型包括 RE-920AH、RC2-930AH。其中，RC2-930 为优化前机型，RE-920 为优化后机型。测试方法依照 GB/T 5773—2016《容积式制冷剂压缩机性能试验方法》，此处数据为压缩机性能数据，考虑与实际的冷水机组运行状态有所不同（功率值未包含机组风冷冷凝器风机功率），参考经验值分析可知，实际机组能效比（COP）相较于压缩机测试的 COP 低 10% 左右。

风冷工况性能见表 3-16。

表 3-16 风冷工况性能对比

蒸发温度/ 冷凝温度/℃	制冷剂	机型	制冷量/kW	功率/kW	COP
5.8/49.7	R134a	RC2-930AH	586.9	156.8	3.74
	R513A	RC2-930AH	593.0	162.1	3.65
	R134a	RE-920AH	552.2	146.1	3.77
	R513A	RE-920AH	561.5	151.0	3.71

注 系统过冷度2℃/吸气过热度1℃。

由表 3-10 可知，R513A 替换 R134a，制冷量变化+1% 左右，COP 变化-2.5%~-1.6%。

风冷工况综合部分负荷性能系数（IPLV）值见表 3-17。

由表 3-17 可知，针对 R513A 的 RE 机型 IPLV 值相较于 RC2 机型略高，同机型 R513A 机组的 IPLV 值相较于 R134a 略低。

使用经济器模式（ECO，补气增焓）对风冷单冷机组性能的影响见表 3-18。

表 3-17 风冷工况 IPLV 值对比

项目		RC2-930AH（R513A）			RE-920AH（R134a）			RE-920AH（R513A）		
负荷/%	蒸发温度/冷凝温度/℃	制冷量/kW	功率/kW	COP	制冷量/kW	功率/kW	COP	制冷量/kW	功率/kW	COP
100	5.8/49.7	593.0	162.1	3.65	552.2	146.1	3.77	561.5	151.1	3.71
75	5.8/42.6	460.24	107.87	4.27	426.4	95.7	4.454	427.2	97.5	4.38
50	5.8/37.5	308.35	68.87	4.48	273.7	60.0	4.56	283.5	62.7	4.52
25	5.8/32.2	191.22	45.1	4.24	173.9	38.7	4.49	180.5	40.5	4.45
IPLV 值		4.35			4.49			4.44		

注 系统过冷度 2℃/吸气过热度 1℃。

表 3-18 使用 ECO 前后风冷单冷机组的性能对比

蒸发温度/冷凝温度/℃	制冷剂	机型	制冷量/kW	功率/kW	COP
5.8/49.7	R134a 无 ECO	RE-920AH	552.2	146.1	3.77
	R134a 有 ECO	RE-920AH	606.3	150.2	4.03
	R513A 无 ECO	RE-920AH	561.5	151.0	3.71
	R513A 有 ECO	RE-920AH	619.1	155.6	3.97

注 系统过冷度 2℃/吸气过热度 1℃。

由表 3-18 可知，ECO 模式对机组的性能提升幅度 R513A 与 R134a 一致，使用 ECO 与无 ECO 其制冷量均提升 9%~10%，COP 提升 6%~7%。

3.4.1.2 风冷热泵机组测试与优化

该机组采用单台螺杆压缩机、干式蒸发器、风冷翅片换热器、电子膨胀阀，电子膨胀阀的控制为过热度控制。机组型号为某公司应用于 R134a 的 FLRMB550D（该测试时尚未针对 R513A 进行优化）。先后充注 R134a 和 R513A 制冷剂进行测试。测试工况见表 3-19。在测试过程中 R513A 的充注量较 R134a 多 10% 左右。测试过程的噪声值两者基本一致。下述所有比较均以 R134a 的测试结果为比较基础。

表 3-19 风冷热泵机组测试工况

项目	干球温度/℃	水流量/(m³/h)	出水温度/℃
名义制冷	35	94.6	7
75%制冷	31.5	94.6	7
50%制冷	28	94.6	7
25%制冷	24.5	94.6	7
名义制热	7	94.6	45
低温制热	-11	94.6	55

3.4.1.2.1 性能对比

不同工况的测试结果如图 3-47 所示。从图中可以看出,该机组在制热运行时,R513A 机组的制热量较 R134a 机组略高,R513A 机组的能效较 R134a 机组略低。该机组在制冷运行时,R513A 机组的制冷量与 R134a 机组的制冷量基本相当或比 R134a 机组略低,R513A 机组的能效较 R134a 机组略低,名义制冷运行时两机组能效基本相当。该测试结果与制冷剂理论循环分析的结果基本一致,R513A 的容积能力比 R134a 略高,能效比 R134a 略低。

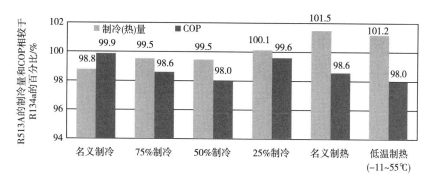

图 3-47 R513A 与 R134a 机组制冷(热)量和能效测试结果比较

3.4.1.2.2 排气过热度对比

机组电子膨胀阀的开度是由排气过热度控制,因此,对不同制冷剂在应用过程中排气过热度的变化进行了测试对比,如图 3-48 所示。由图可知,在制冷工况下,与 R134a 机组相比,R513A 机组排气过热度偏低 2~5℃。制热工况下,与 R134a 机组相比,R513A 机组排气过热度偏低 5~7℃。电子膨胀阀以排气过热度控制时,需考虑过热度变化的影响。

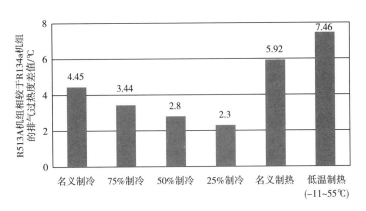

图 3-48 R513A 与 R134a 机组排气过热度差值比较

3.4.1.2.3　电子膨胀阀开度对比

在测试过程中比较相同工况下两种制冷剂对电子膨胀阀开度的影响。由于电子膨胀阀开度是由排气过热度控制，根据上述 R513A 的排气过热度较 R134a 低的结果，测试时排气过热度的目标值已做调整。由图 3-49 可知，在制冷和名义制冷工况下，与 R134a 机组相比，R513A 机组膨胀阀开度大 30% 左右。低温制热工况下，R513A 系统膨胀阀开度比 R134a 大了 54.3%。分析出现较大开度差异的原因，该工况时膨胀阀开度已经很小，受控制精度和工况波动影响，膨胀阀开度较小的变化就会导致两者的比值大幅变化。应用 R513A 时，节流装置设计选型不能直接使用 R134a 机组的，需重新设计选型。

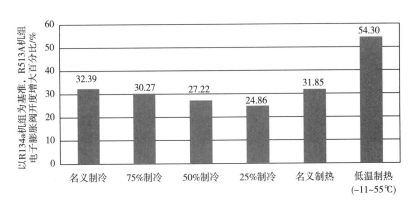

图 3-49 R513A 与 R134a 机组相同工况下电子膨胀阀开度比较

3.4.2　水冷冷水（热泵）机组测试与优化

试验测试对比在制冷工况下 R513A 机组和 R134a 机组的 COP 和 IPLV，以及在制热工况下两机组的 COP，测试方法和要求按照 GB/T 18430.1—2007《蒸气压缩循环冷水（热泵）机组 第 1 部分：工业或商业用及类似用途的冷水（热泵）机组》、GB/T 10870—2014《蒸气压缩循环冷水（热泵）机组性能试验方法》、GB 25131—2010《蒸气压缩循环冷水（热泵）机组 安全要求》和 GB 9237—2017《制冷系统及热泵 安全与环境要求》。制冷工况的 COP 和 IPLV，以及地埋管热泵工况的 COP 测试条件分别见表 3-20 和表 3-21。

表 3-20　冷水机组制冷工况 COP 和 IPLV 测试条件

工况	负荷/%	冷冻水流/$[m^3/(h \cdot kW)]$	冷冻水出水温度/℃	冷却水进水温度/℃	冷却水流量/$[m^3/(h \cdot kW)]$
名义制冷	100	0.172	7	30	0.215
制冷	75	—	7	26	—
	50	—	7	23	—
	25	—	7	19	—

表 3-21　地埋管热泵工况 COP 测试条件

工况	负荷/%	冷冻水流量/$[m^3/(h \cdot kW)]$	冷冻水出水温度/℃	冷却水进水温度/℃	冷却水流量/$[m^3/(h \cdot kW)]$
地埋管名义制热	100	0.172	10	45	0.215

3.4.2.1　水冷单冷机组测试与优化

本节测试的水冷机组在名义制冷工况下制冷量为 160RT（冷吨），使用某公司自主研发的螺杆压缩机，其参数见表 3-22，机组结构设计如图 3-2 所示。

表 3-22　压缩机参数

压缩机型号	160RT
每转理论输气量/cm^3	2668.09
压缩机理论输气量/(m^3/h)	698.60

为了分析螺杆机组分别采用 R513A 和 R134a 制冷剂时的制冷量、COP 等运行参数，首先对两种制冷剂进行循环特性计算，计算中吸气过热度为 5℃，过冷度为 0℃，理想制冷循环。两种制冷剂制冷工况循环特性计算结果见表 3-23。

表 3-23 R513A 与 R134a 制冷工况循环特性对比

负荷/%	蒸发温度/℃	冷凝温度/℃	工质	单位容积制冷量/（kW/m³）	COP
100	5.5	35.7	R134a	0.738	7.86
			R513A	0.798	7.64
75	5.7	30	R134a	0.783	10.12
			R513A	0.855	9.9
50	5.85	25.5	R134a	0.82	12.83
			R513A	0.9	12.61
25	6	21	R134a	0.853	17.2
			R513A	0.94	16.98

由表 3-23 可知，水冷冷水机组综合性能考核工况下，R513A 单位容积制冷量增大 8.13%~10.2%，理论循环 COP 降低 1.28%~2.8%，通过对 COP 加权计算，获得 R513A 和 R134a 机组制冷工况的 IPLV（$IPLV = 0.023COP_{100} + 0.415COP_{75} + 0.461COP_{50} + 0.101COP_{25}$）[5]，R513A 的 IPLV 比 R134a 的 IPLV 降低 1.83%。因此，需优化压缩机容量调节设计，保证负荷调节精确；需提升压缩机热力性能，弥补工质热物性变化导致的性能降低。

进行 HFOs 制冷剂替代应用研究，以变频螺杆式冷水机组作为被试原型机（原型机使用工质为 R134a）。其名义制冷量为 160RT。针对该机组采用 R513A 制冷剂运行时，理论校核换热器能力和优化压缩机运行转速。首先按照机组灌注 R134a 制冷剂时在最大转速下的名义制冷量计算冷冻水流量，保持水流量恒定，测试机组分别应用 R134a 和 R513A 制冷剂在不同转速下的制冷量，测试结果如图 3-50 所示。

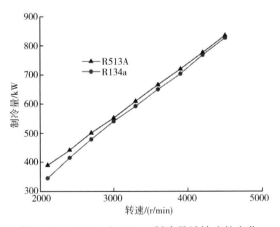

图 3-50 R513A 和 R134a 制冷量随转速的变化

由图 3-50 可以看出，在相同转速下，R513A 的制冷量为 R134a 的 101%~112%，说明 R513A 的单位容积制冷量更大。随着转速的降低，R513A 超出 R134a 制冷量的幅度更大。由于此时机组冷冻水的水流量保持恒定，因此实际运行的蒸发温度和冷凝温度也存在差异。两者在运行过程中，实际的蒸发温度和冷凝温度的差异会影响压缩机的运行效率。

R513A 和 R134a 在不同转速下的 COP 如图 3-51 所示，在所有转速下 R513A 的 COP 均略低于 R134a。为了保证采用 R513A 制冷剂后的综合运行效率，需要设计最优的满负荷转速。

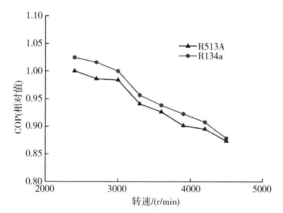

图 3-51　R513A 和 R134a 的 COP 随转速的变化（以 2400r/min 下，R513A 机组的 COP 为基准）

在 A、B、C 三种不同满负荷转速设计下，R513A 和 R134a 的 IPLV 对比如图 3-52 所示，在 B 转速下，R513A 的综合能效 IPLV 最高。B 转速下，R513A 和 R134a 的 COP 和 IPLV 对比见表 3-24，在满负荷转速下，尽管 R513A 的 COP 值比 R134a 低 1.72%，但是其 IPLV 高出 6.24%。

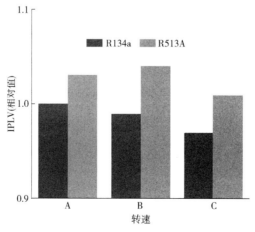

图 3-52　不同满负荷设计转速下 R513A 和 R134a 的 IPLV 对比

（以 A 转速下，R134a 机组的 IPLV 为基准）

表 3-24　R513A 和 R134a 的 COP 和 IPLV 对比

制冷剂	名义制冷 COP	75%负荷的 COP	50%负荷的 COP	25%负荷的 COP	IPLV
R513A	0.973	1.344	1.678	2.075	1.563
R134a	1	1.296	1.575	1.83	1.472
比值（R513A/R134a）/%	97.3	103.70	106.54	113.39	106.18

注　表中数据以满负荷 R134a 机组的 COP 为基准 1 计算得到。

3.4.2.2　水冷热泵机组测试与优化

本节测试的水冷热泵机组在名义制冷工况下制热量为 520kW，应用某公司自主研发的螺杆压缩机，参数见表 3-25，机组结构如图 3-52 所示。

表 3-25　压缩机参数

项目	参数
压缩机制热量/kW	520
每转理论输气量/cm³	2668.09
压缩机理论输气量/(m³/h)	698.60

热泵工况下，R513A 机组与 R134a 机组的循环特性对比见表 3-26。在高蒸发温度、低冷凝温度热泵工况下，R513A 机组与 R134a 机组理论循环性能偏差较小，制冷剂直接替代适用性好；在高蒸发温度、高冷凝温度热泵工况下，两机组理论循环性能偏差较大，需优化关键部件性能及整机匹配特性。

表 3-26　R513A 机组与 R134a 机组制热工况下循环特性对比

热泵类型	蒸发温度/℃	冷凝温度/℃	工质	单位容积制热量/(kW/m²)	COP	压差/kPa	压比/kPa
中深层地源热泵	18.5	39.5	R134a	1.134	12.22	457.37	1.838
			R513A	1.21	11.92	498.54	1.783
热回收热泵	5	50	R134a	0.624	4.75	968.2	3.77
			R513A	0.6531	4.49	1055.1	3.53
空气源热泵	-5	50	R134a	0.421	3.55	1074.6	5.416
			R513A	0.442	3.32	1176.3	4.967
高温热泵	30	80	R134a	0.989	3.85	1863	3.42
			R513A	0.892	3.27	1982.9	3.25

　　进一步测试该变频螺杆式冷水机组在地埋管名义制热工况下的运行特性，其冷冻水进水温度为10℃，冷却水出水温度为45℃。试验测试了该机组分别应用 R134a 和 R513A 制冷剂在不同转速下的制热量，测试中蒸发侧和冷凝侧的水流量均按照实际负荷进行计算，机组的制热量随转速的变化如图 3-53 所示，从图中可以看出，在相同转速下，R513A 的制热量为 R134a 的 102%~103%，说明 R513A 的单位容积制热量更大。随着转速的变化，R513A 超出 R134a 制热量的幅度变化不大，均低于3%。此时机组冷冻水和冷却水的流量均根据实际负荷调定，实际运行的蒸发温度和冷凝温度变化幅度均在 0.3℃ 以内。不同转速下 R513A 和 R134a 的蒸发、冷凝温度如图 3-54 所示。总体而言，R513A 的蒸发温度和冷凝温度均高于 R134a，蒸发温度高出 0.78~0.88℃，冷凝温度高出 0.75~0.86℃。两者在运行过程中，实际的蒸发温度和冷凝温度的差异会影响压缩机的运行效率。R513A 和 R134a 在不同转速下的 COP 如图 3-55 所示，由图可知，在所有转速下 R513A 的 COP 均与 R134a 相当，差值小于1%。

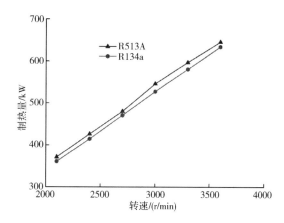

图 3-53　R513A 和 R134a 制热量随转速的变化

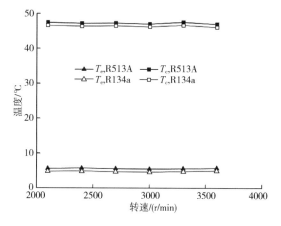

图 3-54　R513A 和 R134a 不同转速下的蒸发温度和冷凝温度

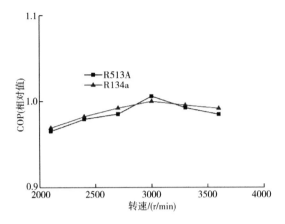

图 3-55　R513A 和 R134a 制热 COP 随转速的变化

（以 3000r/min 下，R134a 机组的制热 COP 为基准）

4

成本分析

通过前述一系列测试分析可以看出，作为 R134a 可能的替代制冷剂，R513A 的整体性能与 R134a 相近，可替代 R134a 在冷水（热泵）机组中使用。国内制造商对于 R513A 在典型 R134a 冷水（热泵）机组的替代使用进行了大量的系统性能研究和成本分析，其中，在成本方面，R513A 系统和 R134a 系统机组的成本存在较大差异，而这种差异主要集中在制冷剂成本和材料成本方面。

由理论和试验分析可知，R513A 和 R134a 制冷剂的物性特点和系统性能十分相近。因此，在实际使用过程中主要有两种替代方案：

（1）直接替代。R513A 直接充注到 R134a 冷水（热泵）机组中，机组不做任何改动；

（2）系统改进。依据 R513A 热力学特性和系统性能，对 R134a 原系统进行改造或研制 R513A 专用机组，如换热器、电磁阀和压缩机等主要部件的改进与优化，形成专门适用于 R513A 具体特性的冷水（热泵）机组。

两种使用方案对应的机组成本也会有所不同，下面主要从这两种方案出发，以部分厂家所选特定型号机组为例，结合相关研究成果，对 R513A 系统和 R134a 系统的机组成本进行分析，为之后研制和改进 R513A 机组提供参考。

4.1 直接替代成本分析

根据相关理论和试验研究，R134a 和 R513A 制冷剂的性能相近，实际应用中 R513A 可直接充注 R134a 系统中，系统主要设备不需做任何变动。此时机组在机械、电气方面成本基本一致，因此机组整体成本差异主要在制冷剂的价格。下面根据几个厂家所选测试机组型号为例，结合相关数据进行分析。

4.1.1 风冷冷水（热泵）机组

以某企业所选的 R134a 风冷冷水（热泵）机组为例，机组型号为 FLRMB550D。R513A 作为替代制冷剂，直接充注到系统中进行测试。以此型号机组的各项成本占比进行分析和对比。由于机组为直接充注，机组其他项目成本基本无变化，所以将机组的系统组成分为制冷剂和其他两部分进行对比，具体如图 4-1 所示。从图中可以发现，相较于 R134a 系统，R513A 系统制冷剂成本份额占比有明显提升，由整机成本的 1.8%，大幅增至 12.0%。

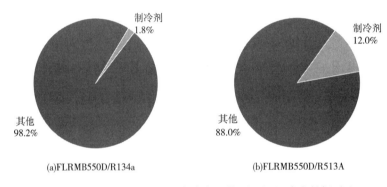

(a)FLRMB550D/R134a   (b)FLRMB550D/R513A

图 4-1　R513A 和 R134a 风冷冷水（热泵）机组成本份额对比

将两个机组的具体成本进行了对比，如图 4-2 所示，两个机组的换热器、电控、压缩机和其他方面所需成本基本一致，而 R513A 制冷剂的成本明显高于 R134a。整体来看，R513A 机组的整体成本比 R134a 机组高 11.52%，而且两机组成本差异主要在制冷剂价格上。

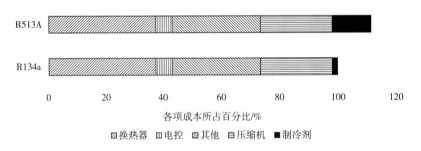

图 4-2　R513A 和 R134a 风冷冷水（热泵）机组成本对比分析

（以 R134a 机组总成本为基准 100%）

4.1.2 水冷冷水（热泵）机组

以某企业所选的 R134a 水冷冷水（热泵）机组为例，机组型号为 KCWF1300A5。R513A 作为替代制冷剂，直接充注到系统中进行测试。以此型号机组的各项成本占比进行分析和对比。由于机组为直接充注，机组其他项目成本基本无变化，所以将机组的系统组成分为制冷剂和其他两部分进行对比，具体如图 4-3 所示。从图中可以发现，相较于 R513A 系统，R134a 系统中制冷剂成本份额占比很小，仅占机组总成本的 2.6%。R513A 系统中制冷剂成本份额占比有明显提升，大幅增至 30.0%。

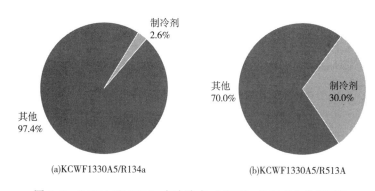

图 4-3　R513A 和 R134a 水冷冷水（热泵）机组成本份额对比

将该型号水冷冷水（热泵）机组的具体成本进行了对比，如图 4-4 所示，两个机组的换热器、电控、压缩机和其他方面所需成本基本一致，而 R513A 制冷剂的成本明显高于 R134a。整体来看，R513A 机组的整体成本比 R134a 机组高 40%，而且两机组成本差异主要在制冷剂价格上。

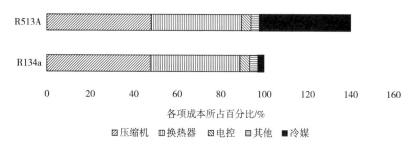

图 4-4　R513A 和 R134a 水冷冷水（热泵）机组成本对比分析

（以 R134a 机组总成本为基准 100%）

4.1.3 水源热泵机组

以某企业所选的 R134a 水源热泵机组为例，机组型号为 KCWF1220AR5。R513A 作为替代制冷剂，直接充注到系统中进行测试。以此型号机组的各项成本占比进行分析和对比。由于机组为直接充注，机组其他项目成本基本无变化，所以将机组的系统组成分为制冷剂和其他两部分进行对比，具体如图 4-5 所示。从图中可以发现，R134a 系统中，制冷剂成本占比仅是机组总成本的 2.7%，占比很小。但 R513A 系统制冷剂成本份额占比有明显提升，占机组总成本的 30.1%。由此可以看出，制冷剂成本为 R513A 系统的主要组成部分之一。

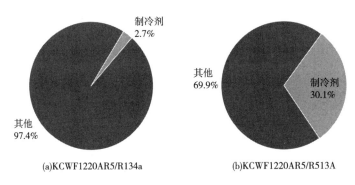

(a)KCWF1220AR5/R134a　　　(b)KCWF1220AR5/R513A

图 4-5　R513A 和 R134a 水源热泵机组成本份额对比

将该型号水源热泵机组的整体成本进行具体分析，如图 4-6 所示，除制冷剂外，其他两个机组各项成本相差不大。R513A 机组的整体成本比 R134a 机组高 39%，而且两机组成本差异主要在制冷剂价格上。

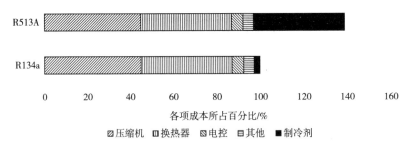

图 4-6　R513A 和 R134a 水源热泵成本对比分析

（以 R134a 机组总成本为基准 100%）

4.1.4　小结

以上分析和总结是以相关厂家所选测试机组的具体数据进行的。不同种类冷水（热泵）机组系统的对比结论也是以每一类系统中的某一型号为例进行的分析。通过对比结果可知，R513A 直接充灌 R134a 系统，系统不做任何调整和改进，相较于 R134a 系统，R513A 系统机组成本明显提升，并且不同种类系统提升幅度有所不同；系统机组整体成本差异主要在制冷剂的价格，其他部分差别不大；根据机组成本份额组成可知，换热器、压缩机均是构成系统成本的主要部分，R513A 系统制冷剂成本占据较大份额，R134a 系统制冷剂成本份额相对较少。

4.2　系统改进后的成本分析

为充分发挥 R513A 制冷剂在系统中的循环性能，可研制匹配 R513A 的专有机组。为适应 R513A 性能而匹配的新换热器和压缩机等部件，相较于 R134a 机组，成本均有不同程度的提升。下面以某企业所研制的 R513A 专用机组的各项成本与 R134a 机组的各项成本进行对比分析，对比结果和相关结论作为参考。

4.2.1　R513A 改进机组

为研究 R513A 制冷剂在螺杆冷水机组上的应用性能，某企业专门设计了 R513A 实验样机。为了匹配 R513A 的性能，系统的蒸发器、冷凝器、压缩机等均有所调整。以实验样机相关数据为例，以 R22 为基准，对 R513A 系统与 R134a 系统各项成本进行了对比和分析。首先，针对均采用满液式蒸发器，R513A、R134a 和 R22 螺杆式冷水机组进行对比。

4.2.1.1　蒸发器、冷凝器与压缩机的成本对比

相对于 R134a 系统，R513A 系统的蒸发器和冷凝器均有所调整，为达到与 R134a 相同的 COP，加大了 R513A 蒸发器和冷凝器换热面积，各项成本也有所变动。针对蒸发器、冷凝器和压缩机的成本分析如图 4-7 所示，R513A 系统蒸发器成本比 R134a 系统高 10%，R513A 系统冷凝器成本比 R134a 系统冷凝器高 24%。

另外，R513A 系统采用的压缩机虽有一定程度的改动，但 R513A 系统和 R134a 系

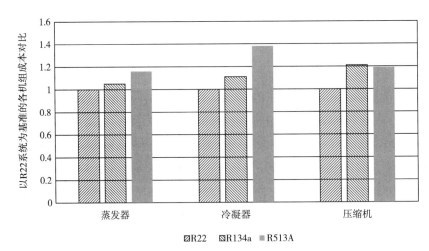

图 4-7 R513A 系统和 R134a 系统蒸发器、冷凝器、压缩机成本分析

统所采用的压缩机成本基本接近，无明显差别。

4.2.1.2 制冷剂成本对比

试验过程中，R513A 制冷剂的充灌量普遍高于 R134a，如图 4-8 所示，R513A 制冷剂成本较 R134a 高 10 多倍，因此，在制冷剂成本份额方面 R513A 系统较 R134a 系统大幅增加。

4.2.1.3 整机成本对比

由图 4-9 机组整体成本对比结果显示，R513A 机组整体价格偏高，较 R134a 机组高 1 倍左右。结合前述对于蒸发器、冷凝器、压缩机和制冷剂的成本对比结果，不难看出，制冷剂成本的差异是机组成本的主要组成部分，并占主要比例。

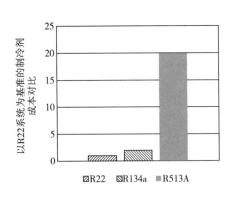

图 4-8 制冷剂成本对比

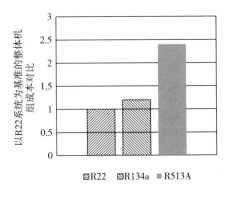

图 4-9 整体机组成本

4.2.2　机组优化方案示例成本分析

考虑到制冷剂成本对机组整体成本有显著的影响，厂家可通过机组主要设备的优化和调整，满足用户需求的同时，降低 R513A 制冷剂充注量，达到降低机组整体成本的目标。下面以机组蒸发器为例，并结合该企业的研究成果，对采用不同形式蒸发器的机组的制冷剂成本进行简单分析。

在螺杆式冷水机组中，干式蒸发器制冷剂充注量最少，是满液式蒸发器充注量的 1/3~2/3，但其换热性能低、维护性较差等缺点导致其使用局限性突出。满液式蒸发器换热性能好，机组能效高，但制冷剂充注较多，控制复杂。

某企业研制 R513A 专用机组所采用的是降膜式蒸发器。在相同换热面积下，降膜式蒸发器换热性能比满液式蒸发器高 15% 以上，但制冷剂充注量节省将近 30%，如图 4-10 所示。

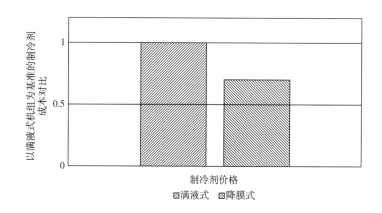

图 4-10　R513A 满液式机组与降膜式机组的制冷剂成本对比

结合上述机组相关数据，对采用不同形式蒸发器的 R513A 机组的制冷剂成本进行分析。如图 4-11 所示，机组采用降膜式蒸发器，相较于满液式系统，R513A 机组制冷剂成本减少了 42.8%；使用降膜蒸发器的 R513A 机组的制冷剂成本为 R134a 系统制冷剂成本的 5 倍，相较于满液式系统成本降低效果显著。

根据上述示例分析可知，无论是从提升机组性能，还是从降低整体充注量，进而降低机组整体成本来讲，降膜式蒸发器均是 R513A 机组的较优选择。但是，在实际工程中，R513A 机组蒸发器的具体选型，需同时兼顾系统成本、机组能效和具体使用条件等。

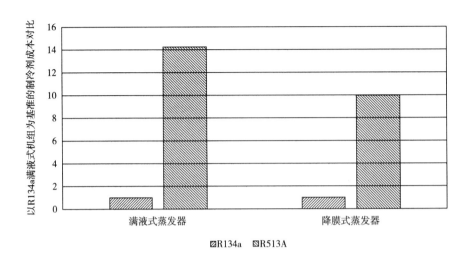

图 4-11　采用不同形式蒸发器的 R513A 机组与 R134a 机组的制冷剂成本对比

4.2.3　小结

为匹配 R513A 的具体性能，对冷水（热泵）机组部件进行改进和调整时，相较于 R134a 系统，R513A 系统各项成本均有不同幅度的提升。综合来看，R513A 系统蒸发器和冷凝器成本均高于 R134a 系统，压缩机的改进成本不明显；R513A 制冷剂成本是机组成本增加的主要原因。而 R513A 机组的设计，可通过优化系统，调整机组主要部件结构，降低机组 R513A 充注量，进而达到降低机组整体成本的目的。

4.3　分析及结论

通过对比以上两种替代方案可以看出，R513A 制冷剂的价格，将是决定系统整机成本的关键因素；R513A 直接替代 R134a 时，虽然机组部件成本不会增加，但系统性能会有一定衰减；通过对机组的改造可提高 R513A 系统性能，且通过优化换热器结构，减少系统的充注量，可降低制冷剂的成本，进而降低整个机组的成本。例如，R513A 机组由满液式蒸发器改为降膜式蒸发器后，充注量可以减少 30%，在保证机组性能的同时，尽可能降低了 R513A 机组的制冷剂成本，从而降低 R513A 机组的整体成本，属于可行的设计方案。与系统匹配改造方案相比，直接替代方案的成本降低能否弥补系统性能和工质充注量等方面带来的经济损失，还需进一步开展全生命周期的系统技术经济分析。

对于规模化系统替换改造，采用标准化的改造工艺和技术革新可降低机组的改造费用，且随着 R513A 制冷剂的规模化生产，成本会逐步降低，系统整机成本的增加幅度也会逐步减少。

综上，方案实施中需结合具体的使用环境和用户需求及各企业自身设备情况优化成本预算，兼顾机组自身和改造成本、运行和维护费用等因素进行综合技术经济分析。

5

结论和建议

5.1 工质物性

R513A 是由 R134a 和 R1234yf 按照质量比为 44∶56 配制的混合制冷剂，其物性与 R134a 接近，R513A 平均分子量为 108.4g/mol，稍大于 R134a，标准大气压下 R513A 沸点为-29.58℃，比 R134a 低 3.6℃。在相同温度下，R513A 的饱和液态密度稍小于 R134a；R513A 饱和气体压力大于 R134a，R513A 饱和气体密度大于 R134a。R513A 机组可以采用与 R134a 机组相同的 POE32 润滑油。R513A 机组与 R134a 原机组所采用的各种材料具有较好的相容性，可以直接应用 R134a 机组中所用的材料。

5.2 系统匹配和优化

本项目试验研究了螺杆式冷水（热泵）机组分别应用 R513A 和 R134a 在制冷和制热工况下的运行性能。试验中的测试机组根据 R134a 进行设计，现用于 R134a 和 R513A 的性能对比试验测试。

风冷单冷机组中 R513A 的制冷量高于 R134a，COP 低于 R134a，两者的 IPLV 值相当。风冷热泵机组中 R513A 的制热量较 R134a 略高 1.2%~1.5%，COP 略低 1.4%~2%，排气过热度较 R134a 低。水冷机组中，螺杆机组的制冷和热泵实验结果显示，同转速下，R513A 的制冷量和制热量均高于 R134a。在制冷工况下，经过合理的满负荷转速设计，尽管名义工况下 R513A 的 COP 略低 R134a 约 1.7%，但是综合能效 IPLV 可以达到比 R134a 高 6.2%，地埋管热泵工况下，R513A 的 COP 与 R134a 相当，差值小于 1%。

从试验可知，R513A 制冷剂压缩机由于其制冷剂特性，压缩机承压部件相对于原来 R134a 兼顾 R22 使用的情况可降低要求，且与 R134a 制冷剂压缩机现用材料以及 POE 润滑油可替代使用。由于 R513A 机组的液体体积流量比 R134a 大，因此液体管路设计时需考虑管径的大小，以降低流速，减小阻力损失。节流装置选择方面，应根据系统需求增大流通面积以及更改控制策略。噪声和振动方面两者基本相当。R513A 机组制冷剂充注量要比 R134a 多 5%~10%，并且由于 R513A 的价格比 R134a 大幅提高，制冷剂充注量对机组的成本影响超过 20%~40%，甚至更高。因此在后续工作中，减少 R513A 制冷剂充注量，降低 R513A 的供应成本，应是主要研究方向。

根据理论循环分析和机组测试结果，R513A 机组与 R134a 机组性能方面基本相当。所以，对于变频双螺杆机组，可以使用 R513A 直接替代 R134a，无须对机组进行大的结构更改。R513A 机组的成本明显高于 R134a 机组，主要是制冷剂部分的成本起决定因素。随着国家对环保和节能要求的提高，未来螺杆机组应用变频技术会不断普及，通过后续进一步优化，R513A 的 IPLV 会进一步提高，既满足环保要求，节能效率也高于 R134a。

5.3 成本

R513A 制冷剂的价格，将是决定系统整机成本的关键因素；R513A 直接替代时，虽然机组部件成本不会增加，但系统性能会有一定衰减；通过对机组的优化改造可提高 R513A 系统性能，且通过优化换热器结构，减少系统的充注量可降低制冷剂的成本，进而降低整个机组的成本；例如，R513A 机组由满液式蒸发器改用降膜蒸发器后，充注量可以较大幅度减少，在保证机组性能的同时，尽可能降低了 R513A 机组的制冷剂成本，从而降低 R513A 机组的整体成本。对于规模化系统替换改造，采用标准化的改造工艺和技术革新将降低机组的改造费用，且随着 R513A 制冷剂的规模化生产，成本会逐步降低，系统整机成本的增加幅度也会逐步减少。

参考文献

［1］人民网 . 中央经济工作会议在北京举行［OL］.［2020-12-19］. http：//politics. people. com. cn/n1/2020/1219/c1024-31971922. html.

［2］中华人民共和国生态环境部 . 我国正式接受《〈关于消耗臭氧层物质的蒙特利尔议定书〉基加利修正案》［OL］.［2021-6-21］. https：//www. mee. gov. cn/ywdt/ hjywnews/202106/t20210621_ 841062. shtml.

［3］国家质量监督检验检疫总局 . TSG 21—2016 固定式压力容器安全技术监察规程［S］. 北京：新华出版社，2016.

［4］国家能源局 . NB/T 47012—2020 制冷装置用压力容器［S］. 北京：新华出版社，2021.

［5］国家质量监督检验检疫总局 . GB/T 18430.1—2007 蒸汽压缩循环冷水（热泵）机组　第 1 部分：工业或商业用及类似用途的冷水（热泵）机组［S］. 北京：中国标准出版社，2008.

附录　R513A 的热力学参数

在给出 R513A 的热力学参数表之前，先给出各参数所用符号说明表（附表 1）。

附表 1　符号说明表

符号	单位	代表含义
T	℃	温度（temperature）
p	kPa	压力（pressure）
V	m³/kg	比容（volume）
H	kJ/kg	焓（enthalpy）
S	kJ/（kg·K）	熵（entropy）
P_1	kPa	液相压力（pressure of liquid）
P_g	kPa	气相压力（pressure of gas）
V_1	m³/kg	液相比容（volume of liquid）
V_g	m³/kg	气相比容（volume of gas）
d_1	kg/m³	液相密度（density of liquid）
d_g	kg/m³	气相密度（density of gas）
H_1	kJ/kg	液相焓（enthalpy of liquid）
H_f	kJ/kg	混合相焓（enthalpy of latent）
H_g	kJ/kg	气相焓（enthalpy of gas）
S_1	kJ/（kg·K）	液相熵（entropy of liquid）
S_g	kJ/（kg·K）	气相熵（entropy of gas）
C_p	kJ/（kg·K）	定压比热容（heat capacity at constant pressure）
C_v	kJ/（kg·K）	定容比热容（heat capacity at constant volume）
C_p/C_v	—	比热容比值（heat capacity ratio）
μ	μPa·s	黏度（viscosity）

符号	单位	代表含义
ν	cm^2/s	动力黏度（kinematic viscosity）
k	$mW/(m \cdot K)$	导热率（thermal conductivity）
c	m/s	声速（velocity of sound）
γ	mN/m	表面张力（surface tension）

1atm（一个大气压）= 101.325kPa。

焓和熵的参考点：

$H_1 = 200kJ/kg$（0℃）

$S_1 = 1kJ/(kg \cdot K)$（0℃）

1. R513A 处于饱和状态时的蒸气压、比容、密度、焓及熵（附表 2）

附表 2　R513A 处于饱和状态时在不同温度下所对应的饱和蒸气压、比容、密度、焓及熵

$T/℃$	压力/kPa		比容/（m^3/kg）		密度/（kg/m^3）		焓/（kJ/kg）			熵/[kJ/(kg·K)]	
	P_1	P_g	V_1	V_g	d_1	d_g	H_1	H_f	H_g	S_1	S_g
-60	20.549	20.181	0.000716	0.7981	1397.2	1.253	126.3	211.1	337.3	0.697	1.688
-59	21.839	21.463	0.000717	0.7535	1394.5	1.327	127.4	210.6	338.0	0.702	1.686
-58	23.195	22.812	0.000718	0.7117	1391.8	1.405	128.6	210.1	338.6	0.708	1.685
-57	24.619	24.228	0.000720	0.6728	1389.1	1.486	129.7	209.6	339.3	0.713	1.683
-56	26.113	25.716	0.000721	0.6363	1386.4	1.572	130.9	209.0	339.9	0.718	1.682
-55	27.681	27.277	0.000723	0.6022	1383.7	1.661	132.1	208.5	340.6	0.724	1.680
-54	29.325	28.914	0.000724	0.5703	1381.0	1.754	133.2	208.0	341.2	0.729	1.679
-53	31.047	30.631	0.000726	0.5404	1378.3	1.851	134.4	207.5	341.9	0.734	1.678
-52	32.851	32.428	0.000727	0.5123	1375.6	1.952	135.6	207.0	342.5	0.740	1.676
-51	34.739	34.311	0.000728	0.4860	1372.8	2.058	136.7	206.5	343.2	0.745	1.675
-50	36.715	36.280	0.000730	0.4613	1370.1	2.168	137.9	205.9	343.8	0.750	1.674
-49	38.780	38.341	0.000731	0.4380	1367.3	2.283	139.1	205.4	344.5	0.756	1.672
-48	40.938	40.494	0.000733	0.4162	1364.6	2.403	140.3	204.9	345.1	0.761	1.671
-47	43.193	42.744	0.000734	0.3957	1361.8	2.527	141.4	204.4	345.8	0.766	1.670
-46	45.546	45.093	0.000736	0.3764	1359.1	2.657	142.6	203.8	346.4	0.771	1.669

续表

$T/℃$	压力/kPa		比容/（m^3/kg）		密度/（kg/m^3）		焓/（kJ/kg）			熵/[kJ/（kg·K）]	
	P_1	P_g	V_1	V_g	d_1	d_g	H_1	H_f	H_g	S_1	S_g
−45	48.002	47.545	0.000737	0.3582	1356.3	2.792	143.8	203.3	347.1	0.776	1.668
−44	50.563	50.103	0.000739	0.3410	1353.5	2.932	145.0	202.8	347.8	0.782	1.667
−43	53.233	52.769	0.000740	0.3249	1350.7	3.078	146.2	202.2	348.4	0.787	1.666
−42	56.015	55.549	0.000742	0.3096	1348.0	3.230	147.4	201.7	349.1	0.792	1.665
−41	58.913	58.444	0.000743	0.2952	1345.2	3.387	148.6	201.1	349.7	0.797	1.664
−40	61.929	61.458	0.000745	0.2816	1342.3	3.551	149.8	200.6	350.4	0.802	1.663
−39	65.068	64.595	0.000747	0.2688	1339.5	3.720	151.0	200.0	351.0	0.807	1.662
−38	68.332	67.858	0.000748	0.2567	1336.7	3.896	152.2	199.5	351.7	0.813	1.661
−37	71.726	71.251	0.000750	0.2452	1333.9	4.079	153.4	198.9	352.3	0.818	1.660
−36	75.252	74.777	0.000751	0.2343	1331.0	4.268	154.6	198.4	353.0	0.823	1.659
−35	78.916	78.440	0.000753	0.2240	1328.2	4.464	155.8	197.8	353.6	0.828	1.659
−34	82.719	82.244	0.000755	0.2143	1325.3	4.667	157.0	197.2	354.3	0.833	1.658
−33	86.667	86.192	0.000756	0.2050	1322.5	4.877	158.3	196.7	354.9	0.838	1.657
−32	90.762	90.289	0.000758	0.1963	1319.6	5.095	159.5	196.1	355.6	0.843	1.656
−31	95.010	94.538	0.000759	0.1880	1316.7	5.320	160.7	195.5	356.2	0.848	1.656
−30	99.413	98.943	0.000761	0.1801	1313.8	5.553	161.9	195.0	356.9	0.853	1.655
−29	103.980	103.510	0.000763	0.1726	1310.9	5.794	163.1	194.4	357.5	0.858	1.654
−28	108.700	108.240	0.000765	0.1655	1308.0	6.043	164.4	193.8	358.2	0.863	1.654
−27	113.590	113.130	0.000766	0.1587	1305.1	6.300	165.6	193.2	358.8	0.868	1.653
−26	118.660	118.200	0.000768	0.1523	1302.2	6.566	166.8	192.6	359.5	0.873	1.653
−25	123.900	123.450	0.000770	0.1462	1299.2	6.841	168.1	192.0	360.1	0.878	1.652
−24	129.320	128.870	0.000771	0.1404	1296.3	7.125	169.3	191.4	360.7	0.883	1.652
−23	134.930	134.490	0.000773	0.1348	1293.3	7.418	170.6	190.8	361.4	0.888	1.651
−22	140.720	140.280	0.000775	0.1295	1290.3	7.720	171.8	190.2	362.0	0.893	1.651
−21	146.710	146.280	0.000777	0.1245	1287.4	8.032	173.1	189.6	362.7	0.898	1.650
−20	152.890	152.470	0.000779	0.1197	1284.4	8.353	174.3	189.0	363.3	0.903	1.650
−19	159.280	158.860	0.000780	0.1151	1281.4	8.685	175.6	188.4	364.0	0.908	1.649
−18	165.870	165.460	0.000782	0.1108	1278.3	9.027	176.8	187.8	364.6	0.913	1.649

R513A 制冷剂在螺杆式冷水（热泵）机组中的适用性研究

续表

T/℃	压力/kPa		比容/（m³/kg）		密度/（kg/m³）		焓/（kJ/kg）			熵/[kJ/(kg·K)]	
	P_l	P_g	V_l	V_g	d_l	d_g	H_l	H_f	H_g	S_l	S_g
−17	172.670	172.270	0.000784	0.1066	1275.3	9.379	178.1	187.1	365.2	0.918	1.648
−16	179.690	179.290	0.000786	0.1026	1272.3	9.743	179.4	186.5	365.9	0.923	1.648
−15	186.930	186.540	0.000788	0.0988	1269.2	10.117	180.6	185.9	366.5	0.927	1.648
−14	194.390	194.010	0.000790	0.0952	1266.2	10.502	181.9	185.3	367.1	0.932	1.647
−13	202.080	201.710	0.000792	0.0918	1263.1	10.899	183.2	184.6	367.8	0.937	1.647
−12	210.000	209.640	0.000794	0.0884	1260.0	11.308	184.4	184.0	368.4	0.942	1.647
−11	218.160	217.810	0.000796	0.0853	1256.9	11.729	185.7	183.3	369.0	0.947	1.646
−10	226.570	226.230	0.000798	0.0822	1253.8	12.162	187.0	182.7	369.7	0.952	1.646
−9	235.220	234.890	0.000800	0.0793	1250.7	12.607	188.3	182.0	370.3	0.957	1.646
−8	244.130	243.800	0.000802	0.0765	1247.5	13.066	189.6	181.4	370.9	0.962	1.646
−7	253.290	252.980	0.000804	0.0739	1244.4	13.537	190.9	180.7	371.6	0.966	1.645
−6	262.710	262.410	0.000806	0.0713	1241.2	14.022	192.2	180.0	372.2	0.971	1.645
−5	272.410	272.110	0.000808	0.0689	1238.0	14.521	193.5	179.3	372.8	0.976	1.645
−4	282.370	282.090	0.000810	0.0665	1234.8	15.033	194.8	178.7	373.4	0.981	1.645
−3	292.610	292.340	0.000812	0.0643	1231.6	15.560	196.1	178.0	374.0	0.986	1.644
−2	303.140	302.880	0.000814	0.0621	1228.4	16.102	197.4	177.3	374.7	0.990	1.644
−1	313.950	313.700	0.000816	0.0600	1225.2	16.658	198.7	176.6	375.3	0.995	1.644
0	325.050	324.820	0.000818	0.0580	1221.9	17.230	200.0	175.9	375.9	1.000	1.644
1	336.460	336.230	0.000821	0.0561	1218.6	17.817	201.3	175.2	376.5	1.005	1.644
2	348.160	347.950	0.000823	0.0543	1215.3	18.420	202.6	174.5	377.1	1.010	1.644
3	360.170	359.970	0.000825	0.0525	1212.0	19.040	204.0	173.8	377.7	1.014	1.644
4	372.500	372.310	0.000827	0.0508	1208.7	19.676	205.3	173.0	378.3	1.019	1.643
5	385.150	384.970	0.000830	0.0492	1205.4	20.329	206.6	172.3	378.9	1.024	1.643
6	398.120	397.950	0.000832	0.0476	1202.0	20.999	208.0	171.6	379.5	1.029	1.643
7	411.420	411.260	0.000834	0.0461	1198.6	21.688	209.3	170.8	380.1	1.033	1.643
8	425.050	424.900	0.000837	0.0447	1195.2	22.394	210.6	170.1	380.7	1.038	1.643
9	439.020	438.890	0.000839	0.0433	1191.8	23.119	212.0	169.3	381.3	1.043	1.643
10	453.340	453.220	0.000841	0.0419	1188.4	23.863	213.3	168.6	381.9	1.048	1.643

续表

T/℃	压力/kPa		比容/（m³/kg）		密度/（kg/m³）		焓/（kJ/kg）			熵/[kJ/（kg·K）]	
	P_1	P_g	V_1	V_g	d_1	d_g	H_1	H_f	H_g	S_1	S_g
11	468.020	467.900	0.000844	0.0406	1184.9	24.627	214.7	167.8	382.5	1.052	1.643
12	483.040	482.940	0.000846	0.0394	1181.4	25.410	216.0	167.0	383.1	1.057	1.643
13	498.430	498.340	0.000849	0.0381	1177.9	26.214	217.4	166.3	383.7	1.062	1.643
14	514.190	514.110	0.000851	0.0370	1174.4	27.038	218.8	165.5	384.2	1.066	1.643
15	530.330	530.250	0.000854	0.0359	1170.9	27.884	220.1	164.7	384.8	1.071	1.643
16	546.840	546.770	0.000857	0.0348	1167.3	28.752	221.5	163.9	385.4	1.076	1.643
17	563.740	563.680	0.000859	0.0337	1163.7	29.641	222.9	163.1	386.0	1.081	1.643
18	581.020	580.970	0.000862	0.0327	1160.1	30.554	224.3	162.3	386.5	1.085	1.643
19	598.710	598.660	0.000865	0.0318	1156.5	31.490	225.6	161.4	387.1	1.090	1.643
20	616.800	616.760	0.000867	0.0308	1152.8	32.450	227.0	160.6	387.6	1.095	1.643
21	635.290	635.260	0.000870	0.0299	1149.2	33.434	228.4	159.8	388.2	1.099	1.643
22	654.200	654.180	0.000873	0.0290	1145.5	34.443	229.8	158.9	388.8	1.104	1.642
23	673.530	673.510	0.000876	0.0282	1141.7	35.479	231.2	158.1	389.3	1.109	1.642
24	693.290	693.280	0.000879	0.0274	1138.0	36.540	232.6	157.2	389.8	1.113	1.642
25	713.480	713.470	0.000882	0.0266	1134.2	37.628	234.0	156.4	390.4	1.118	1.642
26	734.110	734.100	0.000885	0.0258	1130.4	38.744	235.4	155.5	390.9	1.123	1.642
27	755.180	755.180	0.000888	0.0251	1126.5	39.888	236.9	154.6	391.5	1.127	1.642
28	776.710	776.700	0.000891	0.0244	1122.7	41.062	238.3	153.7	392.0	1.132	1.642
29	798.690	798.690	0.000894	0.0237	1118.8	42.265	239.7	152.8	392.5	1.137	1.642
30	821.130	821.130	0.000897	0.0230	1114.8	43.499	241.1	151.9	393.0	1.141	1.642
31	844.050	844.050	0.000900	0.0223	1110.9	44.764	242.6	151.0	393.5	1.146	1.642
32	867.440	867.430	0.000903	0.0217	1106.9	46.061	244.0	150.0	394.1	1.151	1.642
33	891.310	891.310	0.000907	0.0211	1102.9	47.392	245.5	149.1	394.6	1.155	1.642
34	915.670	915.660	0.000910	0.0205	1098.8	48.757	246.9	148.1	395.1	1.160	1.642
35	940.530	940.520	0.000913	0.0199	1094.7	50.156	248.4	147.2	395.6	1.165	1.642
36	965.890	965.870	0.000917	0.0194	1090.6	51.592	249.8	146.2	396.0	1.169	1.642
37	991.760	991.740	0.000920	0.0188	1086.4	53.065	251.3	145.2	396.5	1.174	1.642
38	1018.100	1018.100	0.000924	0.0183	1082.2	54.575	252.8	144.2	397.0	1.179	1.642

R513A 制冷剂在螺杆式冷水（热泵）机组中的适用性研究

续表

T/℃	压力/kPa		比容/（m³/kg）		密度/（kg/m³）		焓/（kJ/kg）			熵/[kJ/（kg·K）]	
	P_1	P_g	V_1	V_g	d_1	d_g	H_1	H_f	H_g	S_1	S_g
39	1045.000	1045.000	0.000928	0.0178	1078.0	56.125	254.3	143.2	397.5	1.183	1.642
40	1072.500	1072.400	0.000931	0.0173	1073.7	57.716	255.7	142.2	397.9	1.188	1.642
41	1100.500	1100.400	0.000935	0.0169	1069.4	59.347	257.2	141.2	398.4	1.193	1.642
42	1129.000	1128.900	0.000939	0.0164	1065.0	61.022	258.7	140.1	398.8	1.197	1.642
43	1158.000	1158.000	0.000943	0.0159	1060.6	62.741	260.2	139.1	399.3	1.202	1.642
44	1187.600	1187.600	0.000947	0.0155	1056.2	64.506	261.7	138.0	399.7	1.207	1.642
45	1217.800	1217.700	0.000951	0.0151	1051.7	66.318	263.2	136.9	400.2	1.211	1.642
46	1248.600	1248.500	0.000955	0.0147	1047.2	68.179	264.8	135.8	400.6	1.216	1.642
47	1279.900	1279.800	0.000959	0.0143	1042.6	70.090	266.3	134.7	401.0	1.221	1.641
48	1311.800	1311.700	0.000963	0.0139	1037.9	72.053	267.8	133.6	401.4	1.225	1.641
49	1344.400	1344.200	0.000968	0.0135	1033.2	74.069	269.4	132.5	401.8	1.230	1.641
50	1377.500	1377.300	0.000972	0.0131	1028.5	76.142	270.9	131.3	402.2	1.235	1.641
51	1411.200	1411.000	0.000977	0.0128	1023.7	78.273	272.5	130.1	402.6	1.239	1.641
52	1445.500	1445.300	0.000982	0.0124	1018.8	80.463	274.0	128.9	402.9	1.244	1.641
53	1480.500	1480.300	0.000986	0.0121	1013.9	82.716	275.6	127.7	403.3	1.249	1.640
54	1516.100	1515.900	0.000991	0.0118	1008.9	85.034	277.2	126.5	403.7	1.254	1.640
55	1552.400	1552.100	0.000996	0.0114	1003.8	87.418	278.8	125.2	404.0	1.258	1.640
56	1589.200	1588.900	0.001001	0.0111	998.7	89.873	280.3	124.0	404.3	1.263	1.640
57	1626.800	1626.500	0.001007	0.0108	993.5	92.401	281.9	122.7	404.6	1.268	1.639
58	1665.000	1664.600	0.001012	0.0105	988.2	95.005	283.6	121.4	405.0	1.273	1.639
59	1703.900	1703.500	0.001017	0.0102	982.9	97.688	285.2	120.1	405.2	1.277	1.639
60	1743.500	1743.100	0.001023	0.0100	977.4	100.450	286.8	118.7	405.5	1.282	1.638
61	1783.700	1783.300	0.001029	0.0097	971.9	103.310	288.5	117.3	405.8	1.287	1.638
62	1824.700	1824.200	0.001035	0.0094	966.3	106.250	290.1	115.9	406.1	1.292	1.638
63	1866.400	1865.900	0.001041	0.0091	960.5	109.290	291.8	114.5	406.3	1.297	1.637
64	1908.800	1908.200	0.001047	0.0089	954.7	112.430	293.5	113.1	406.5	1.301	1.637
65	1951.900	1951.300	0.001054	0.0086	948.8	115.680	295.1	111.6	406.7	1.306	1.636
66	1995.800	1995.200	0.001061	0.0084	942.7	119.030	296.8	110.1	406.9	1.311	1.636

续表

T/℃	压力/kPa		比容/（m³/kg）		密度/（kg/m³）		焓/（kJ/kg）			熵/[kJ/(kg·K)]	
	P_l	P_g	V_l	V_g	d_l	d_g	H_l	H_f	H_g	S_l	S_g
67	2040.400	2039.800	0.001068	0.0082	936.5	122.510	298.6	108.5	407.1	1.316	1.635
68	2085.700	2085.100	0.001075	0.0079	930.2	126.110	300.3	107.0	407.2	1.321	1.634
69	2131.900	2131.200	0.001082	0.0077	923.8	129.840	302.0	105.3	407.4	1.326	1.634
70	2178.800	2178.100	0.001090	0.0075	917.2	133.710	303.8	103.7	407.5	1.331	1.633
71	2226.600	2225.800	0.001098	0.0073	910.5	137.730	305.6	102.0	407.6	1.336	1.632
72	2275.100	2274.300	0.001107	0.0070	903.6	141.910	307.4	100.3	407.6	1.341	1.632
73	2324.400	2323.600	0.001115	0.0068	896.5	146.260	309.2	98.5	407.7	1.346	1.631
74	2374.600	2373.800	0.001125	0.0066	889.2	150.790	311.0	96.7	407.7	1.351	1.630
75	2425.600	2424.800	0.001134	0.0064	881.8	155.520	312.8	94.8	407.6	1.356	1.629
76	2477.500	2476.600	0.001144	0.0062	874.1	160.460	314.7	92.9	407.6	1.362	1.628
77	2530.300	2529.300	0.001155	0.0060	866.2	165.630	316.6	90.9	407.5	1.367	1.626
78	2583.900	2583.000	0.001166	0.0058	858.0	171.060	318.5	88.8	407.4	1.372	1.625
79	2638.400	2637.500	0.001177	0.0057	849.5	176.760	320.5	86.7	407.2	1.377	1.624
80	2693.900	2692.900	0.001189	0.0055	840.7	182.770	322.5	84.5	407.0	1.383	1.622
81	2750.300	2749.300	0.001202	0.0053	831.6	189.120	324.5	82.2	406.7	1.388	1.621
82	2807.600	2806.600	0.001216	0.0051	822.1	195.850	326.5	79.9	406.4	1.394	1.619
83	2865.900	2864.900	0.001231	0.0049	812.2	203.010	328.6	77.4	406.0	1.400	1.617
84	2925.300	2924.200	0.001247	0.0047	801.8	210.650	330.8	74.8	405.5	1.406	1.615
85	2985.600	2984.600	0.001265	0.0046	790.8	218.850	333.0	72.0	405.0	1.411	1.613
86	3047.000	3046.000	0.001283	0.0044	779.1	227.710	335.2	69.1	404.3	1.418	1.610
87	3109.500	3108.500	0.001304	0.0042	766.7	237.350	337.6	66.0	403.6	1.424	1.607
88	3173.100	3172.100	0.001327	0.0040	753.3	247.940	340.0	62.7	402.7	1.430	1.604
89	3237.800	3236.800	0.001354	0.0039	738.8	259.710	342.6	59.1	401.6	1.437	1.600
90	3303.700	3302.800	0.001384	0.0037	722.7	273.010	345.3	55.1	400.3	1.444	1.596

2. R513A 处于定压—过热蒸气状态时的比容、焓、熵

R513A 处于饱和状态时的比容、焓、熵见附表 3。R513A 处于定压—过热蒸气状态时的比容 V（m³/kg）、焓 H（kJ/kg）、熵 S［kJ/(kg·K)］见附表 4。

附表 3　R513A 处于饱和状态时的比容、焓、熵

饱和压力/kPa	10			20			30			40		
饱和温度/℃	−70.65℃			−60.15℃			−53.36℃			−48.23℃		
参数	V	H	S	V	H	S	V	H	S	V	H	S
数值	1.5391	330.5	1.708	0.8049	337.2	1.688	1.8150	341.6	1.678	0.4210	345.0	1.671
饱和压力/kPa	50			60			70			80		
饱和温度/℃	−44.04℃			−40.48℃			−37.36℃			−34.59℃		
参数	V	H	S	V	H	S	V	H	S	V	H	S
数值	0.3417	347.7	1.667	0.2880	350.0	1.663	0.2493	352.1	1.661	0.2199	353.9	1.658
饱和压力/kPa	90			100			101.325			110		
饱和温度/℃	−32.07℃			−29.77℃			−29.47℃			−27.46℃		
参数	V	H	S	V	H	S	V	H	S	V	H	S
数值	0.1969	355.5	1.656	0.1783	357.0	1.655	0.1761	357.2	1.655	0.1630	358.4	1.654
饱和压力/kPa	120			130			140			150		
饱和温度/℃	−25.65℃			−23.80℃			−22.05℃			−20.39℃		
参数	V	H	S	V	H	S	V	H	S	V	H	S
数值	0.1501	359.7	1.652	0.1392	360.9	1.651	0.1298	362.0	1.651	0.1216	363.1	1.650
饱和压力/kPa	160			170			180			190		
饱和温度/℃	−18.83℃			−17.33℃			−15.90℃			−14.53℃		
参数	V	H	S	V	H	S	V	H	S	V	H	S
数值	0.1144	364.1	1.649	0.1080	365.0	1.649	0.1023	365.9	1.648	0.0971	366.8	1.648
饱和压力/kPa	200			210			220			230		
饱和温度/℃	−13.22℃			−11.96℃			−10.74℃			−9.65℃		
参数	V	H	S	V	H	S	V	H	S	V	H	S
数值	0.0925	367.6	1.647	0.0883	368.4	1.647	0.0845	369.2	1.646	0.0809	370.0	1.646
饱和压力/kPa	240			250			260			270		
饱和温度/℃	−8.42℃			−7.32℃			−6.25℃			−5.22℃		
参数	V	H	S	V	H	S	V	H	S	V	H	S
数值	0.0777	370.7	1.646	0.0747	371.4	1.645	0.0720	372.0	1.645	0.0694	372.7	1.645

续表

饱和压力/kPa	280			290			300			310		
饱和温度/℃	−4.21℃			−3.23℃			−2.27℃			−1.34℃		
参数	V	H	S	V	H	S	V	H	S	V	H	S
数值	0.0670	373.3	1.645	0.0648	373.9	1.645	0.0627	374.5	1.644	0.0607	375.1	1.644
饱和压力/kPa	320			330			340			350		
饱和温度/℃	−0.43℃			0.46℃			1.32℃			2.17℃		
参数	V	H	S	V	H	S	V	H	S	V	H	S
数值	0.0589	375.6	1.644	0.0572	376.2	1.644	0.0555	376.7	1.644	0.0540	377.2	1.644
饱和压力/kPa	360			370			380			390		
饱和温度/℃	3.00℃			3.81℃			4.61℃			5.39℃		
参数	V	H	S	V	H	S	V	H	S	V	H	S
数值	0.0525	377.7	1.644	0.0511	378.2	1.643	0.0498	378.7	1.643	0.0486	379.2	1.643
饱和压力/kPa	400			425			450			475		
饱和温度/℃	6.16℃			8.01℃			9.78℃			11.48℃		
参数	V	H	S	V	H	S	V	H	S	V	H	S
数值	0.0474	379.6	1.643	0.0446	380.7	1.643	0.0422	381.8	1.643	0.0400	382.8	1.643
饱和压力/kPa	500			525			550			575		
饱和温度/℃	13.11℃			14.68℃			16.19℃			17.66℃		
参数	V	H	S	V	H	S	V	H	S	V	H	S
数值	0.0380	383.7	1.643	0.0362	384.6	1.643	0.0346	385.5	1.643	0.0331	386.3	1.643
饱和压力/kPa	600			625			650			675		
饱和温度/℃	19.07℃			20.45℃			21.78℃			23.08℃		
参数	V	H	S	V	H	S	V	H	S	V	H	S
数值	0.0317	387.1	1.643	0.0304	387.9	1.643	0.0292	388.6	1.643	0.0281	389.3	1.642
饱和压力/kPa	700			725			750			775		
饱和温度/℃	24.34℃			25.56℃			26.76℃			27.92℃		
参数	V	H	S	V	H	S	V	H	S	V	H	S
数值	0.0271	390.0	1.642	0.0261	390.7	1.642	0.0252	391.3	1.642	0.0244	391.9	1.642

续表

饱和压力/kPa	800			900			1000			1100		
饱和温度/℃	29.06℃			33.36℃			38.32℃			40.99℃		
参数	V	H	S	V	H	S	V	H	S	V	H	S
数值	0.0236	392.5	1.642	0.0209	394.7	1.642	0.0187	396.7	1.642	0.0169	398.4	1.642

饱和压力/kPa	1200			1300			1400			1500		
饱和温度/℃	44.41℃			47.64℃			50.68℃			53.56℃		
参数	V	H	S	V	H	S	V	H	S	V	H	S
数值	0.0153	399.9	1.642	0.0140	401.3	1.641	0.0129	402.4	1.641	0.0119	403.5	1.640

饱和压力/kPa	1600			1700			1800			1900		
饱和温度/℃	56.3℃			58.91℃			61.41℃			63.81℃		
参数	V	H	S	V	H	S	V	H	S	V	H	S
数值	0.0110	404.4	1.640	0.0103	405.2	1.639	0.0096	405.9	1.638	0.0089	406.5	1.637

饱和压力/kPa	2000			2100			2200			2300		
饱和温度/℃	66.11℃			68.32℃			70.46℃			72.52℃		
参数	V	H	S	V	H	S	V	H	S	V	H	S
数值	0.0084	406.9	1.636	0.0079	407.3	1.634	0.0074	407.5	1.633	0.0069	407.6	1.631

饱和压力/kPa	2400			2600			2800			3000		
饱和温度/℃	74.52℃			78.31℃			81.89℃			85.25℃		
参数	V	H	S	V	H	S	V	H	S	V	H	S
数值	0.0065	407.7	1.629	0.0058	407.3	1.625	0.0051	406.4	1.619	0.0045	404.8	1.612

饱和压力/kPa	3200			3400			3600					
饱和温度/℃	88.43℃			91.44℃			94.27℃					
参数	V	H	S	V	H	S	V	H	S	V	H	S
数值	0.0040	402.3	1.602	0.0034	397.9	1.588	0.0026	387.9	1.559			

附表 4 R513A 处于定压—过热蒸气状态时的比容、焓、熵

T/℃	绝对压力/kPa											
	10			20			30			40		
	V	H	S	V	H	S	V	H	S	V	H	S
−70	1.5443	330.9	1.710									
−65	1.5836	334.3	1.727									
−60	1.6228	337.8	1.744	0.8055	337.3	1.689						
−55	1.6620	341.3	1.760	0.8254	340.9	1.705						
−50	1.7010	344.9	1.776	0.8453	344.5	1.722	0.5601	344.1	1.689			
−45	1.7400	348.5	1.792	0.8651	348.2	1.738	0.5735	347.8	1.705	0.4276	347.4	1.682
−40	1.7789	352.2	1.808	0.8849	351.9	1.754	0.5869	351.5	1.722	0.4378	351.1	1.698
−35	1.8178	355.9	1.824	0.9046	355.6	1.770	0.6002	355.3	1.738	0.4479	354.9	1.714
−30	1.8566	359.7	1.839	0.9242	359.4	1.785	0.6135	359.1	1.753	0.4580	358.8	1.730
−25	1.8953	363.5	1.855	0.9438	363.2	1.801	0.6267	363.0	1.769	0.4681	362.7	1.746
−20	1.9341	367.4	1.871	0.9634	367.1	1.817	0.6399	366.9	1.785	0.4781	366.6	1.762
−15	1.9728	371.3	1.886	0.9830	371.1	1.832	0.6530	370.8	1.800	0.4880	370.6	1.777
−10	2.0115	375.3	1.901	1.0025	375.1	1.847	0.6661	374.8	1.816	0.4980	374.6	1.793
−5	2.0501	379.3	1.916	1.0220	379.1	1.862	0.6793	378.9	1.831	0.5079	378.6	1.808
0	2.0888	383.4	1.931	1.0414	383.2	1.878	0.6923	383.0	1.846	0.5178	382.7	1.823
5	2.1274	387.5	1.946	1.0609	387.3	1.893	0.7054	387.1	1.861	0.5276	386.9	1.838
10	2.1660	391.7	1.961	1.0803	391.5	1.907	0.7184	391.3	1.876	0.5375	391.1	1.853
15	2.2045	395.9	1.976	1.0997	395.7	1.922	0.7314	395.5	1.891	0.5473	395.3	1.868
20	2.2431	400.1	1.990	1.1191	400.0	1.937	0.7444	399.7	1.905	0.5571	399.6	1.883
25	2.2816	404.5	2.005	1.1385	404.3	1.952	0.7574	404.1	1.920	0.5669	404.0	1.898
30	2.3202	408.8	2.020	1.1578	408.7	1.966	0.7704	408.5	1.935	0.5767	408.3	1.912
35	2.3587	413.2	2.034	1.1772	413.1	1.980	0.7834	412.9	1.949	0.5864	412.8	1.927
40	2.3972	417.7	2.048	1.1965	417.5	1.995	0.7963	417.4	1.963	0.5962	417.2	1.941
45	2.4357	422.2	2.063	1.2159	422.0	2.009	0.8093	421.9	1.978	0.6060	421.7	1.955
50	2.4742	426.7	2.077	1.2352	426.6	2.023	0.8222	426.4	1.992	0.6157	426.3	1.969
55	2.5127	431.3	2.091	1.2545	431.1	2.037	0.8351	431.0	2.006	0.6254	430.9	1.984
60	2.5512	435.9	2.105	1.2738	435.8	2.051	0.8480	435.7	2.020	0.6352	435.5	1.998
65	2.5897	440.6	2.119	1.2931	440.5	2.065	0.8610	440.3	2.034	0.6449	440.2	2.012
70	2.6281	445.3	2.132	1.3124	445.2	2.079	0.8738	445.1	2.048	0.6546	444.9	2.025
75	2.6666	450.0	2.146	1.3317	449.9	2.093	0.8868	449.8	2.062	0.6643	449.7	2.039

续表

T/℃	绝对压力/kPa											
	50			60			70			80		
	V	H	S	V	H	S	V	H	S	V	H	S
-40	0.3484	350.8	1.680	0.2887	350.4	1.665						
-35	0.3566	354.6	1.696	0.2957	354.3	1.681	0.2521	353.9	1.668			
-30	0.3648	358.5	1.712	0.3026	358.2	1.697	0.2581	357.8	1.685	0.2248	357.5	1.673
-25	0.3729	362.4	1.728	0.3094	362.1	1.713	0.2641	361.8	1.701	0.2301	361.5	1.690
-20	0.3810	366.3	1.744	0.3162	366.0	1.729	0.2700	365.8	1.717	0.2353	365.5	1.705
-15	0.3890	370.3	1.760	0.3230	370.0	1.745	0.2759	369.8	1.732	0.2405	369.5	1.721
-10	0.3971	374.3	1.775	0.3298	374.1	1.760	0.2817	373.8	1.748	0.2456	373.6	1.737
-5	0.4051	378.4	1.790	0.3365	378.2	1.776	0.2875	377.9	1.763	0.2508	377.7	1.752
0	0.4130	382.5	1.806	0.3432	382.3	1.791	0.2933	382.1	1.779	0.2559	381.9	1.768
5	0.4210	386.7	1.821	0.3499	386.5	1.806	0.2991	386.3	1.794	0.2610	386.1	1.783
10	0.4289	390.9	1.836	0.3565	390.7	1.821	0.3048	390.5	1.809	0.2660	390.3	1.798
15	0.4368	395.1	1.851	0.3631	395.0	1.836	0.3105	394.8	1.824	0.2710	394.6	1.813
20	0.4447	399.4	1.865	0.3698	399.3	1.851	0.3162	399.1	1.839	0.2761	398.9	1.828
25	0.4526	403.8	1.880	0.3764	403.6	1.866	0.3219	403.5	1.853	0.2811	403.3	1.843
30	0.4604	408.2	1.895	0.3830	408.0	1.880	0.3276	407.9	1.868	0.2861	407.7	1.857
35	0.4683	412.6	1.909	0.3895	412.4	1.895	0.3333	412.3	1.883	0.2910	412.1	1.872
40	0.4761	417.1	1.924	0.3961	416.9	1.909	0.3389	416.8	1.897	0.2960	416.6	1.886
45	0.4840	421.6	1.938	0.4026	421.5	1.924	0.3445	421.3	1.911	0.3010	421.2	1.901
50	0.4918	426.2	1.952	0.4092	426.0	1.938	0.3502	425.9	1.926	0.3059	425.7	1.915
55	0.4996	430.8	1.966	0.4157	430.6	1.952	0.3558	430.5	1.940	0.3109	430.4	1.929
60	0.5074	435.4	1.980	0.4222	435.3	1.966	0.3614	435.2	1.954	0.3158	435.0	1.943
65	0.5152	440.1	1.994	0.4288	440.0	1.980	0.3670	439.9	1.968	0.3207	439.7	1.957
70	0.5230	444.8	2.008	0.4353	444.7	1.994	0.3726	444.6	1.982	0.3256	444.5	1.971
75	0.5308	449.6	2.022	0.4418	449.5	2.008	0.3782	449.4	1.996	0.3305	449.3	1.985
80	0.5386	454.4	2.036	0.4483	454.3	2.021	0.3838	454.2	2.009	0.3355	454.1	1.999
85	0.5463	459.3	2.049	0.4548	459.2	2.035	0.3894	459.1	2.023	0.3404	459.0	2.013
90	0.5541	464.2	2.063	0.4613	464.1	2.049	0.3950	464.0	2.037	0.3452	463.9	2.026
95	0.5619	469.1	2.076	0.4678	469.0	2.062	0.4005	468.9	2.050	0.3501	468.8	2.040
100	0.5696	474.1	2.090	0.4742	474.0	2.076	0.4061	473.9	2.064	0.3550	473.8	2.053
105	0.5774	479.1	2.103	0.4807	479.0	2.089	0.4117	478.9	2.077	0.3599	478.8	2.067

T/℃	绝对压力/kPa											
	90			100			101.325			110		
	V	H	S	V	H	S	V	H	S	V	H	S
−30	0.1989	357.2	1.663									
−25	0.2036	361.2	1.680	0.1824	360.9	1.671	0.1799	360.8	1.669	0.1651	360.5	1.662
−20	0.2083	365.2	1.696	0.1867	364.9	1.687	0.1842	364.9	1.686	0.1690	364.6	1.679
−15	0.2130	369.2	1.711	0.1909	369.0	1.703	0.1884	368.9	1.702	0.1729	368.7	1.695
−10	0.2176	373.3	1.727	0.1952	373.1	1.718	0.1925	373.1	1.717	0.1768	372.8	1.710
−5	0.2222	377.5	1.743	0.1993	377.2	1.734	0.1966	377.2	1.733	0.1806	377.0	1.726
0	0.2268	381.6	1.758	0.2035	381.4	1.749	0.2007	381.4	1.748	0.1844	381.2	1.742
5	0.2313	385.9	1.773	0.2076	385.6	1.765	0.2048	385.6	1.764	0.1882	385.4	1.757
10	0.2358	390.1	1.789	0.2117	389.9	1.780	0.2089	389.9	1.779	0.1919	389.7	1.772
15	0.2403	394.4	1.804	0.2158	394.2	1.795	0.2129	394.2	1.794	0.1957	394.0	1.787
20	0.2448	398.7	1.819	0.2199	398.6	1.810	0.2169	398.5	1.809	0.1994	398.4	1.802
25	0.2493	403.1	1.833	0.2239	402.9	1.825	0.2209	402.9	1.824	0.2031	402.8	1.817
30	0.2538	407.5	1.848	0.2279	407.4	1.840	0.2249	407.3	1.838	0.2068	407.2	1.832
35	0.2582	412.0	1.863	0.2320	411.8	1.854	0.2289	411.8	1.853	0.2105	411.7	1.846
40	0.2627	416.5	1.877	0.2360	416.3	1.869	0.2328	416.3	1.868	0.2141	416.2	1.861
45	0.2671	421.0	1.891	0.2400	420.9	1.883	0.2368	420.9	1.882	0.2178	420.7	1.875
50	0.2715	425.6	1.906	0.2440	425.5	1.897	0.2407	425.5	1.896	0.2214	425.3	1.890
55	0.2759	430.2	1.920	0.2479	430.1	1.912	0.2447	430.1	1.911	0.2251	430.0	1.904
60	0.2803	434.9	1.934	0.2519	434.8	1.926	0.2486	434.8	1.925	0.2287	434.7	1.918
65	0.2847	439.6	1.948	0.2559	439.5	1.940	0.2525	439.5	1.939	0.2323	439.4	1.932
70	0.2891	444.4	1.962	0.2598	444.2	1.954	0.2564	444.2	1.953	0.2359	444.1	1.946
75	0.2935	449.2	1.976	0.2638	449.0	1.968	0.2603	449.0	1.967	0.2395	448.9	1.960
80	0.2978	454.0	1.990	0.2677	453.9	1.981	0.2642	453.9	1.980	0.2431	453.8	1.974
85	0.3022	458.9	2.003	0.2717	458.7	1.995	0.2681	458.7	1.994	0.2467	458.6	1.988
90	0.3066	463.8	2.017	0.2756	463.7	2.009	0.2720	463.7	2.008	0.2503	463.6	2.001
95	0.3109	468.7	2.031	0.2796	468.6	2.022	0.2759	468.6	2.021	0.2539	468.5	2.015
100	0.3153	473.7	2.044	0.2835	473.6	2.036	0.2797	473.6	2.035	0.2575	473.5	2.028
105	0.3196	478.7	2.057	0.2874	478.6	2.049	0.2836	478.6	2.048	0.2610	478.6	2.042
110	0.3240	483.8	2.071	0.2913	483.7	2.062	0.2875	483.7	2.061	0.2646	483.6	2.055
115	0.3283	488.9	2.084	0.2952	488.8	2.076	0.2913	488.8	2.075	0.2682	488.7	2.068

续表

T/℃	绝对压力/kPa											
	120			130			140			150		
	V	H	S	V	H	S	V	H	S	V	H	S
−25	0.1506	360.2	1.655									
−20	0.1543	364.3	1.671	0.1418	364.0	1.664	0.1311	363.7	1.657	0.1218	363.4	1.651
−15	0.1579	368.4	1.687	0.1452	368.2	1.680	0.1343	367.9	1.674	0.1248	367.6	1.668
−10	0.1615	372.6	1.703	0.1485	372.3	1.696	0.1374	372.1	1.690	0.1278	371.8	1.684
−5	0.1650	376.8	1.719	0.1518	376.5	1.712	0.1405	376.3	1.706	0.1307	376.0	1.700
0	0.1685	381.0	1.734	0.1551	380.7	1.728	0.1436	380.5	1.721	0.1336	380.3	1.715
5	0.1720	385.2	1.750	0.1583	385.0	1.743	0.1466	384.8	1.737	0.1364	384.6	1.731
10	0.1755	389.5	1.765	0.1616	389.3	1.758	0.1496	389.1	1.752	0.1393	388.9	1.746
15	0.1789	393.8	1.780	0.1648	393.6	1.773	0.1526	393.4	1.767	0.1421	393.2	1.762
20	0.1824	398.2	1.795	0.1679	398.0	1.789	0.1556	397.8	1.782	0.1449	397.6	1.777
25	0.1858	402.6	1.810	0.1711	402.4	1.803	0.1585	402.2	1.797	0.1476	402.1	1.792
30	0.1892	407.0	1.825	0.1743	406.9	1.818	0.1615	406.7	1.812	0.1504	406.5	1.806
35	0.1926	411.5	1.839	0.1774	411.4	1.833	0.1644	411.2	1.827	0.1532	411.0	1.821
40	0.1959	416.0	1.854	0.1805	415.9	1.848	0.1673	415.7	1.841	0.1559	415.6	1.836
45	0.1993	420.6	1.868	0.1837	420.5	1.862	0.1702	420.3	1.856	0.1586	420.2	1.850
50	0.2027	425.2	1.883	0.1868	425.1	1.876	0.1731	424.9	1.870	0.1613	424.8	1.865
55	0.2060	429.8	1.897	0.1899	429.7	1.891	0.1760	429.6	1.885	0.1640	429.4	1.879
60	0.2093	434.5	1.911	0.1930	434.4	1.905	0.1789	434.3	1.899	0.1667	434.1	1.893
65	0.2127	439.2	1.925	0.1960	439.1	1.919	0.1818	439.0	1.913	0.1694	438.9	1.907
70	0.2160	444.0	1.939	0.1991	443.9	1.933	0.1847	443.8	1.927	0.1721	443.7	1.921
75	0.2193	448.8	1.953	0.2022	448.7	1.947	0.1875	448.6	1.941	0.1748	448.5	1.935
80	0.2226	453.7	1.967	0.2052	453.5	1.961	0.1904	453.4	1.955	0.1775	453.3	1.949
85	0.2259	458.5	1.981	0.2083	458.4	1.974	0.1932	458.3	1.968	0.1801	458.2	1.963
90	0.2292	463.5	1.994	0.2114	463.4	1.988	0.1961	463.3	1.982	0.1828	463.2	1.977
95	0.2325	468.4	2.008	0.2144	468.3	2.002	0.1989	468.2	1.996	0.1854	468.1	1.990
100	0.2358	473.4	2.021	0.2174	473.3	2.015	0.2017	473.2	2.009	0.1881	473.1	2.004
105	0.2391	478.5	2.035	0.2205	478.4	2.029	0.2046	478.3	2.023	0.1907	478.2	2.017
110	0.2424	483.5	2.048	0.2235	483.5	2.042	0.2074	483.4	2.036	0.1934	483.3	2.031
115	0.2456	488.7	2.061	0.2266	488.6	2.055	0.2102	488.5	2.049	0.1960	488.4	2.044
120	0.2489	493.8	2.075	0.2296	493.7	2.068	0.2130	493.6	2.063	0.1987	493.6	2.057

续表

T/℃	绝对压力/kPa											
	160			170			180			190		
	V	H	S	V	H	S	V	H	S	V	H	S
−15	0.1165	367.3	1.662	0.1092	367.0	1.656	0.1027	366.7	1.651			
−10	0.1193	371.5	1.678	0.1119	371.3	1.673	0.1053	371.0	1.667	0.0993	370.7	1.662
−5	0.1221	375.8	1.694	0.1145	375.5	1.689	0.1078	375.3	1.684	0.1017	375.0	1.679
0	0.1248	380.0	1.710	0.1171	379.8	1.704	0.1102	379.6	1.699	0.1041	379.3	1.695
5	0.1275	384.3	1.725	0.1197	384.1	1.720	0.1127	383.9	1.715	0.1064	383.7	1.710
10	0.1302	388.7	1.741	0.1222	388.5	1.736	0.1151	388.3	1.731	0.1087	388.1	1.726
15	0.1329	393.1	1.756	0.1247	392.9	1.751	0.1175	392.7	1.746	0.1110	392.5	1.741
20	0.1355	397.5	1.771	0.1272	397.3	1.766	0.1199	397.1	1.761	0.1133	396.9	1.757
25	0.1381	401.9	1.786	0.1297	401.7	1.781	0.1222	401.5	1.776	0.1155	401.4	1.772
30	0.1407	406.4	1.801	0.1322	406.2	1.796	0.1246	406.0	1.791	0.1178	405.9	1.787
35	0.1433	410.9	1.816	0.1346	410.7	1.811	0.1269	410.6	1.806	0.1200	410.4	1.802
40	0.1459	415.4	1.831	0.1371	415.3	1.826	0.1292	415.1	1.821	0.1222	415.0	1.816
45	0.1485	420.0	1.845	0.1395	419.9	1.840	0.1315	419.7	1.835	0.1244	419.6	1.831
50	0.1510	424.6	1.859	0.1419	424.5	1.855	0.1338	424.4	1.850	0.1265	424.2	1.845
55	0.1536	429.3	1.874	0.1443	429.2	1.869	0.1361	429.0	1.864	0.1287	428.9	1.860
60	0.1561	434.0	1.888	0.1467	433.9	1.883	0.1383	433.8	1.878	0.1309	433.6	1.874
65	0.1586	438.8	1.902	0.1491	438.6	1.897	0.1406	438.5	1.893	0.1330	438.4	1.888
70	0.1612	443.5	1.916	0.1515	443.4	1.911	0.1429	443.3	1.907	0.1352	443.2	1.902
75	0.1637	448.4	1.930	0.1539	448.2	1.925	0.1451	448.1	1.921	0.1373	448.0	1.916
80	0.1662	453.2	1.944	0.1562	453.1	1.939	0.1474	453.0	1.935	0.1394	452.9	1.930
85	0.1687	458.1	1.958	0.1586	458.0	1.953	0.1496	457.9	1.948	0.1416	457.8	1.944
90	0.1712	463.1	1.971	0.1609	463.0	1.967	0.1518	462.9	1.962	0.1437	462.7	1.958
95	0.1737	468.0	1.985	0.1633	467.9	1.980	0.1541	467.8	1.976	0.1458	467.7	1.971
100	0.1762	473.0	1.999	0.1657	472.9	1.994	0.1563	472.9	1.989	0.1479	472.8	1.985
105	0.1787	478.1	2.012	0.1680	478.0	2.007	0.1585	477.9	2.003	0.1500	477.8	1.998
110	0.1811	483.2	2.025	0.1703	483.1	2.021	0.1607	483.0	2.016	0.1521	482.9	2.012
115	0.1836	488.3	2.039	0.1727	488.2	2.034	0.1629	488.1	2.029	0.1542	488.1	2.025
120	0.1861	493.5	2.052	0.1750	493.4	2.047	0.1652	493.3	2.043	0.1563	493.2	2.038
125	0.1886	498.7	2.065	0.1773	498.6	2.060	0.1674	498.5	2.056	0.1584	498.4	2.051
130	0.1910	503.9	2.078	0.1797	503.8	2.073	0.1696	503.8	2.069	0.1605	503.7	2.065

续表

T/℃	绝对压力/kPa											
	200			210			220			230		
	V	H	S	V	H	S	V	H	S	V	H	S
−10	0.0940	370.4	1.658	0.0892	370.1	1.653	0.0848	369.9	1.649			
−5	0.0963	374.8	1.674	0.0914	374.5	1.670	0.0869	374.2	1.665	0.0828	374.0	1.661
0	0.0986	379.1	1.690	0.0936	378.9	1.686	0.0890	378.6	1.681	0.0848	378.4	1.677
5	0.1008	383.5	1.706	0.0957	383.2	1.702	0.0911	383.0	1.697	0.0868	382.8	1.693
10	0.1030	387.8	1.721	0.0978	387.6	1.717	0.0931	387.4	1.713	0.0888	387.2	1.709
15	0.1052	392.3	1.737	0.0999	392.1	1.733	0.0951	391.9	1.729	0.0907	391.7	1.725
20	0.1074	396.7	1.752	0.1020	396.5	1.748	0.0971	396.3	1.744	0.0927	396.1	1.740
25	0.1095	401.2	1.767	0.1040	401.0	1.763	0.0991	400.8	1.759	0.0946	400.6	1.755
30	0.1116	405.7	1.782	0.1061	405.5	1.778	0.1010	405.3	1.774	0.0964	405.2	1.770
35	0.1137	410.2	1.797	0.1081	410.1	1.793	0.1030	409.9	1.789	0.0983	409.7	1.785
40	0.1158	414.8	1.812	0.1101	414.7	1.808	0.1049	414.5	1.804	0.1002	414.4	1.800
45	0.1179	419.4	1.827	0.1121	419.3	1.823	0.1068	419.1	1.819	0.1020	419.0	1.815
50	0.1200	424.1	1.841	0.1141	423.9	1.837	0.1087	423.8	1.833	0.1038	423.7	1.829
55	0.1221	428.8	1.856	0.1161	428.6	1.851	0.1106	428.5	1.848	0.1057	428.4	1.844
60	0.1241	433.5	1.870	0.1181	433.4	1.866	0.1125	433.2	1.862	0.1075	433.1	1.858
65	0.1262	438.3	1.884	0.1200	438.1	1.880	0.1144	438.0	1.876	0.1093	437.9	1.872
70	0.1282	443.1	1.898	0.1220	442.9	1.894	0.1163	442.8	1.890	0.1111	442.7	1.887
75	0.1303	447.9	1.912	0.1239	447.8	1.908	0.1181	447.7	1.904	0.1129	447.6	1.901
80	0.1323	452.8	1.926	0.1259	452.7	1.922	0.1200	452.6	1.918	0.1147	452.4	1.915
85	0.1343	457.7	1.940	0.1278	457.6	1.936	0.1219	457.5	1.932	0.1164	457.4	1.928
90	0.1364	462.6	1.954	0.1297	462.5	1.950	0.1237	462.4	1.946	0.1182	462.3	1.942
95	0.1384	467.6	1.967	0.1317	467.5	1.963	0.1256	467.4	1.960	0.1200	467.3	1.956
100	0.1404	472.7	1.981	0.1336	472.6	1.977	0.1274	472.5	1.973	0.1217	472.4	1.969
105	0.1424	477.7	1.994	0.1355	477.6	1.990	0.1292	477.5	1.987	0.1235	477.4	1.983
110	0.1444	482.8	2.008	0.1374	482.7	2.004	0.1311	482.6	2.000	0.1252	482.6	1.996
115	0.1464	488.0	2.021	0.1393	487.9	2.017	0.1329	487.8	2.013	0.1270	487.7	2.010
120	0.1484	493.1	2.034	0.1412	493.1	2.030	0.1347	493.0	2.027	0.1287	492.9	2.023
125	0.1504	498.4	2.047	0.1431	498.3	2.044	0.1365	498.2	2.040	0.1305	498.1	2.036
130	0.1524	503.6	2.061	0.1450	503.5	2.057	0.1383	503.4	2.053	0.1322	503.4	2.049
135	0.1544	508.9	2.074	0.1469	508.8	2.070	0.1401	508.7	2.066	0.1340	508.7	2.062

续表

T/℃	绝对压力/kPa											
	240			250			260			270		
	V	H	S	V	H	S	V	H	S	V	H	S
−5	0.0791	373.7	1.657	0.0756	373.4	1.653	0.0724	373.1	1.649	0.0695	372.9	1.646
0	0.0810	378.1	1.673	0.0775	377.9	1.670	0.0743	377.6	1.666	0.0713	377.3	1.662
5	0.0830	382.5	1.689	0.0794	382.3	1.686	0.0761	382.1	1.682	0.0730	381.8	1.678
10	0.0848	387.0	1.705	0.0812	386.8	1.702	0.0779	386.5	1.698	0.0747	386.3	1.694
15	0.0867	391.4	1.721	0.0830	391.2	1.717	0.0796	391.0	1.714	0.0765	390.8	1.710
20	0.0886	395.9	1.736	0.0848	395.7	1.733	0.0813	395.5	1.729	0.0781	395.4	1.726
25	0.0904	400.5	1.752	0.0866	400.3	1.748	0.0831	400.1	1.745	0.0798	399.9	1.741
30	0.0922	405.0	1.767	0.0883	404.8	1.763	0.0848	404.7	1.760	0.0814	404.5	1.756
35	0.0940	409.6	1.782	0.0901	409.4	1.778	0.0864	409.3	1.775	0.0831	409.1	1.772
40	0.0958	414.2	1.797	0.0918	414.0	1.793	0.0881	413.9	1.790	0.0847	413.7	1.786
45	0.0976	418.8	1.811	0.0935	418.7	1.808	0.0898	418.5	1.804	0.0863	418.4	1.801
50	0.0993	423.5	1.826	0.0952	423.4	1.822	0.0914	423.2	1.819	0.0879	423.1	1.816
55	0.1011	428.2	1.840	0.0969	428.1	1.837	0.0930	428.0	1.834	0.0894	427.8	1.830
60	0.1028	433.0	1.855	0.0986	432.8	1.851	0.0946	432.7	1.848	0.0910	432.6	1.845
65	0.1046	437.8	1.869	0.1003	437.6	1.866	0.0963	437.5	1.862	0.0926	437.4	1.859
70	0.1063	442.6	1.883	0.1019	442.5	1.880	0.0979	442.3	1.876	0.0941	442.2	1.873
75	0.1080	447.4	1.897	0.1036	447.3	1.894	0.0995	447.2	1.891	0.0957	447.1	1.887
80	0.1097	452.3	1.911	0.1052	452.2	1.908	0.1011	452.1	1.905	0.0972	452.0	1.901
85	0.1115	457.3	1.925	0.1069	457.2	1.922	0.1026	457.1	1.918	0.0987	456.9	1.915
90	0.1132	462.2	1.939	0.1085	462.1	1.935	0.1042	462.0	1.932	0.1003	461.9	1.929
95	0.1149	467.2	1.952	0.1101	467.1	1.949	0.1058	467.0	1.946	0.1018	466.9	1.943
100	0.1165	472.3	1.966	0.1118	472.2	1.963	0.1074	472.1	1.960	0.1033	472.0	1.956
105	0.1182	477.4	1.980	0.1134	477.3	1.976	0.1089	477.2	1.973	0.1048	477.1	1.970
110	0.1199	482.5	1.993	0.1150	482.4	1.990	0.1105	482.3	1.987	0.1063	482.2	1.983
115	0.1216	487.6	2.006	0.1166	487.5	2.003	0.1121	487.4	2.000	0.1078	487.4	1.997
120	0.1233	492.8	2.020	0.1183	492.7	2.016	0.1136	492.6	2.013	0.1093	492.6	2.010
125	0.1250	498.0	2.033	0.1199	497.9	2.030	0.1152	497.9	2.026	0.1108	497.8	2.023
130	0.1266	503.3	2.046	0.1215	503.2	2.043	0.1167	503.1	2.040	0.1123	503.0	2.036
135	0.1283	508.6	2.059	0.1231	508.5	2.056	0.1183	508.4	2.053	0.1138	508.4	2.050
140	0.1300	513.9	2.072	0.1247	513.8	2.069	0.1198	513.8	2.066	0.1153	513.7	2.063

续表

T/℃	绝对压力/kPa											
	280			290			300			310		
	V	H	S	V	H	S	V	H	S	V	H	S
0	0.0685	377.1	1.659	0.0659	376.8	1.655	0.0634	376.6	1.652	0.0612	376.3	1.649
5	0.0702	381.6	1.675	0.0675	381.3	1.672	0.0651	381.1	1.668	0.0628	380.9	1.665
10	0.0719	386.1	1.691	0.0692	385.9	1.688	0.0667	385.6	1.685	0.0643	385.4	1.681
15	0.0735	390.6	1.707	0.0708	390.4	1.704	0.0682	390.2	1.701	0.0658	390.0	1.697
20	0.0751	395.2	1.723	0.0724	395.0	1.719	0.0698	394.8	1.716	0.0673	394.6	1.713
25	0.0768	399.7	1.738	0.0739	399.5	1.735	0.0713	399.3	1.732	0.0688	399.1	1.729
30	0.0784	404.3	1.753	0.0755	404.1	1.750	0.0728	403.9	1.747	0.0703	403.8	1.744
35	0.0799	408.9	1.768	0.0770	408.7	1.765	0.0743	408.6	1.762	0.0717	408.4	1.759
40	0.0815	413.6	1.783	0.0785	413.4	1.780	0.0758	413.2	1.777	0.0732	413.1	1.774
45	0.0830	418.2	1.798	0.0800	418.1	1.795	0.0772	417.9	1.792	0.0746	417.8	1.789
50	0.0846	422.9	1.813	0.0815	422.8	1.810	0.0787	422.7	1.807	0.0760	422.5	1.804
55	0.0861	427.7	1.827	0.0830	427.5	1.824	0.0801	427.4	1.821	0.0774	427.3	1.819
60	0.0876	432.5	1.842	0.0845	432.3	1.839	0.0815	432.2	1.836	0.0788	432.1	1.833
65	0.0891	437.3	1.856	0.0859	437.1	1.853	0.0829	437.0	1.850	0.0802	436.9	1.847
70	0.0906	442.1	1.870	0.0874	442.0	1.867	0.0844	441.9	1.864	0.0815	441.7	1.862
75	0.0921	447.0	1.884	0.0888	446.9	1.881	0.0858	446.7	1.879	0.0829	446.6	1.876
80	0.0936	451.9	1.898	0.0903	451.8	1.895	0.0872	451.7	1.893	0.0842	451.5	1.890
85	0.0951	456.8	1.912	0.0917	456.7	1.909	0.0886	456.6	1.907	0.0856	456.5	1.904
90	0.0966	461.8	1.926	0.0931	461.7	1.923	0.0899	461.6	1.920	0.0869	461.5	1.918
95	0.0980	466.8	1.940	0.0946	466.7	1.937	0.0913	466.6	1.934	0.0883	466.5	1.931
100	0.0995	471.9	1.953	0.0960	471.8	1.951	0.0927	471.7	1.948	0.0896	471.6	1.945
105	0.1010	477.0	1.967	0.0974	476.9	1.964	0.0941	476.8	1.961	0.0909	476.7	1.959
110	0.1024	482.1	1.980	0.0988	482.0	1.978	0.0954	481.9	1.975	0.0923	481.8	1.972
115	0.1039	487.3	1.994	0.1002	487.2	1.991	0.0968	487.1	1.988	0.0936	487.0	1.986
120	0.1053	492.5	2.007	0.1016	492.4	2.004	0.0981	492.3	2.002	0.0949	492.2	1.999
125	0.1068	497.7	2.020	0.1030	497.6	2.018	0.0995	497.5	2.015	0.0962	497.5	2.012
130	0.1082	503.0	2.034	0.1044	502.9	2.031	0.1009	502.8	2.028	0.0975	502.7	2.025
135	0.1097	508.3	2.047	0.1058	508.2	2.044	0.1022	508.1	2.041	0.0988	508.0	2.038
140	0.1111	513.6	2.060	0.1072	513.5	2.057	0.1036	513.5	2.054	0.1001	513.4	2.051
145	0.1125	519.0	2.073	0.1086	518.9	2.070	0.1049	518.8	2.067	0.1014	518.8	2.064

续表

T/℃	绝对压力/kPa											
	320			330			340			350		
	V	H	S	V	H	S	V	H	S	V	H	S
0	0.0590	376.0	1.645									
5	0.0606	380.6	1.662	0.0585	380.4	1.659	0.0566	380.1	1.656	0.0548	379.8	1.653
10	0.0621	385.2	1.678	0.0600	384.9	1.675	0.0581	384.7	1.673	0.0562	384.5	1.670
15	0.0636	389.8	1.694	0.0615	389.5	1.692	0.0595	389.3	1.689	0.0576	389.1	1.686
20	0.0651	394.4	1.710	0.0629	394.1	1.707	0.0609	393.9	1.705	0.0590	393.7	1.702
25	0.0665	399.0	1.726	0.0643	398.8	1.723	0.0623	398.6	1.720	0.0604	398.4	1.718
30	0.0679	403.6	1.741	0.0657	403.4	1.738	0.0636	403.2	1.736	0.0617	403.0	1.733
35	0.0693	408.2	1.756	0.0671	408.1	1.754	0.0650	407.9	1.751	0.0630	407.7	1.748
40	0.0707	412.9	1.772	0.0685	412.8	1.769	0.0663	412.6	1.766	0.0643	412.4	1.764
45	0.0721	417.6	1.786	0.0698	417.5	1.784	0.0676	417.3	1.781	0.0656	417.2	1.778
50	0.0735	422.4	1.801	0.0711	422.2	1.799	0.0689	422.1	1.796	0.0668	421.9	1.793
55	0.0749	427.1	1.816	0.0725	427.0	1.813	0.0702	426.8	1.811	0.0681	426.7	1.808
60	0.0762	431.9	1.830	0.0738	431.8	1.828	0.0715	431.7	1.825	0.0693	431.5	1.823
65	0.0775	436.7	1.845	0.0751	436.6	1.842	0.0728	436.5	1.840	0.0706	436.4	1.837
70	0.0789	441.6	1.859	0.0764	441.5	1.856	0.0740	441.4	1.854	0.0718	441.2	1.851
75	0.0802	446.5	1.873	0.0777	446.4	1.871	0.0753	446.3	1.868	0.0730	446.2	1.866
80	0.0815	451.4	1.887	0.0789	451.3	1.885	0.0765	451.2	1.882	0.0743	451.1	1.880
85	0.0828	456.4	1.901	0.0802	456.3	1.899	0.0778	456.2	1.896	0.0755	456.1	1.894
90	0.0841	461.4	1.915	0.0815	461.3	1.912	0.0790	461.2	1.910	0.0767	461.1	1.908
95	0.0854	466.4	1.929	0.0828	466.3	1.926	0.0802	466.2	1.924	0.0779	466.1	1.921
100	0.0867	471.5	1.942	0.0840	471.4	1.940	0.0815	471.3	1.937	0.0791	471.2	1.935
105	0.0880	476.6	1.956	0.0853	476.5	1.954	0.0827	476.4	1.951	0.0802	476.3	1.949
110	0.0893	481.7	1.970	0.0865	481.7	1.967	0.0839	481.6	1.965	0.0814	481.5	1.962
115	0.0906	486.9	1.983	0.0878	486.8	1.980	0.0851	486.7	1.978	0.0826	486.7	1.976
120	0.0919	492.1	1.996	0.0890	492.0	1.994	0.0863	492.0	1.991	0.0838	491.9	1.989
125	0.0931	497.4	2.010	0.0903	497.3	2.007	0.0875	497.2	2.005	0.0850	497.1	2.002
130	0.0944	502.6	2.023	0.0915	502.6	2.020	0.0887	502.5	2.018	0.0861	502.4	2.015
135	0.0957	508.0	2.036	0.0927	507.9	2.033	0.0899	507.8	2.031	0.0873	507.7	2.029
140	0.0969	513.3	2.049	0.0939	513.2	2.046	0.0911	513.2	2.044	0.0885	513.1	2.042
145	0.0982	518.7	2.062	0.0952	518.6	2.059	0.0923	518.5	2.057	0.0896	518.5	2.055

续表

T/℃	绝对压力/kPa											
	360			370			380			390		
	V	H	S	V	H	S	V	H	S	V	H	S
5	0.0531	379.6	1.650	0.0515	379.3	1.647	0.0499	379.1	1.645			
10	0.0545	384.2	1.667	0.0528	384.0	1.664	0.0513	383.8	1.661	0.0498	383.5	1.659
15	0.0559	388.9	1.683	0.0542	388.7	1.680	0.0526	388.4	1.678	0.0511	388.2	1.675
20	0.0572	393.5	1.699	0.0555	393.3	1.697	0.0539	393.1	1.694	0.0524	392.9	1.691
25	0.0585	398.2	1.715	0.0568	398.0	1.712	0.0552	397.8	1.710	0.0536	397.6	1.707
30	0.0598	402.9	1.730	0.0581	402.7	1.728	0.0564	402.5	1.725	0.0548	402.3	1.723
35	0.0611	407.6	1.746	0.0593	407.4	1.743	0.0576	407.2	1.741	0.0560	407.0	1.738
40	0.0624	412.3	1.761	0.0606	412.1	1.758	0.0588	411.9	1.756	0.0572	411.8	1.754
45	0.0636	417.0	1.776	0.0618	416.8	1.774	0.0600	416.7	1.771	0.0584	416.5	1.769
50	0.0649	421.8	1.791	0.0630	421.6	1.788	0.0612	421.5	1.786	0.0596	421.3	1.784
55	0.0661	426.6	1.806	0.0642	426.4	1.803	0.0624	426.3	1.801	0.0607	426.1	1.798
60	0.0673	431.4	1.820	0.0654	431.2	1.818	0.0636	431.1	1.815	0.0618	431.0	1.813
65	0.0685	436.2	1.835	0.0666	436.1	1.832	0.0647	436.0	1.830	0.0630	435.8	1.828
70	0.0697	441.1	1.849	0.0677	441.0	1.847	0.0659	440.9	1.844	0.0641	440.7	1.842
75	0.0709	446.0	1.863	0.0689	445.9	1.861	0.0670	445.8	1.858	0.0652	445.7	1.856
80	0.0721	451.0	1.877	0.0701	450.9	1.875	0.0681	450.8	1.873	0.0663	450.6	1.870
85	0.0733	456.0	1.891	0.0712	455.9	1.889	0.0693	455.7	1.887	0.0674	455.6	1.884
90	0.0745	461.0	1.905	0.0724	460.9	1.903	0.0704	460.8	1.901	0.0685	460.7	1.898
95	0.0756	466.0	1.919	0.0735	465.9	1.917	0.0715	465.8	1.914	0.0696	465.7	1.912
100	0.0768	471.1	1.933	0.0746	471.0	1.930	0.0726	470.9	1.928	0.0707	470.8	1.926
105	0.0779	476.2	1.946	0.0758	476.1	1.944	0.0737	476.0	1.942	0.0717	475.9	1.940
110	0.0791	481.4	1.960	0.0769	481.3	1.958	0.0748	481.2	1.955	0.0728	481.1	1.953
115	0.0803	486.6	1.973	0.0780	486.5	1.971	0.0759	486.4	1.969	0.0739	486.3	1.967
120	0.0814	491.8	1.987	0.0791	491.7	1.984	0.0770	491.6	1.982	0.0750	491.5	1.980
125	0.0825	497.0	2.000	0.0802	497.0	1.998	0.0781	496.9	1.995	0.0760	496.8	1.993
130	0.0837	502.3	2.013	0.0814	502.2	2.011	0.0792	502.2	2.009	0.0771	502.1	2.007
135	0.0848	507.6	2.026	0.0825	507.6	2.024	0.0802	507.5	2.022	0.0781	507.4	2.020
140	0.0859	513.0	2.039	0.0836	512.9	2.037	0.0813	512.9	2.035	0.0792	512.8	2.033
145	0.0871	518.4	2.052	0.0847	518.3	2.050	0.0824	518.3	2.048	0.0802	518.2	2.046
150	0.0882	523.8	2.065	0.0858	523.8	2.063	0.0835	523.7	2.061	0.0813	523.6	2.059

续表

T/℃	绝对压力/kPa											
	400			425			450			475		
	V	H	S	V	H	S	V	H	S	V	H	S
10	0.0484	383.3	1.656	0.0451	382.6	1.650	0.0423	382.0	1.644			
15	0.0497	388.0	1.673	0.0464	387.4	1.667	0.0434	386.8	1.661	0.0408	386.2	1.655
20	0.0509	392.7	1.689	0.0476	392.1	1.683	0.0446	391.6	1.677	0.0419	391.0	1.671
25	0.0521	397.4	1.705	0.0487	396.9	1.699	0.0457	396.4	1.693	0.0430	395.9	1.688
30	0.0533	402.1	1.721	0.0499	401.6	1.715	0.0468	401.2	1.709	0.0441	400.7	1.704
35	0.0545	406.8	1.736	0.0510	406.4	1.730	0.0479	406.0	1.725	0.0451	405.5	1.720
40	0.0557	411.6	1.751	0.0521	411.2	1.746	0.0490	410.8	1.740	0.0461	410.3	1.735
45	0.0568	416.4	1.766	0.0532	416.0	1.761	0.0500	415.6	1.756	0.0471	415.2	1.750
50	0.0580	421.2	1.781	0.0543	420.8	1.776	0.0510	420.4	1.771	0.0481	420.0	1.766
55	0.0591	426.0	1.796	0.0554	425.6	1.791	0.0521	425.3	1.786	0.0491	424.9	1.781
60	0.0602	430.8	1.811	0.0564	430.5	1.805	0.0531	430.1	1.800	0.0501	429.8	1.795
65	0.0613	435.7	1.825	0.0575	435.4	1.820	0.0541	435.1	1.815	0.0510	434.7	1.810
70	0.0624	440.6	1.840	0.0585	440.3	1.834	0.0551	440.0	1.829	0.0520	439.7	1.825
75	0.0635	445.6	1.854	0.0596	445.3	1.849	0.0561	444.9	1.844	0.0529	444.6	1.839
80	0.0646	450.5	1.868	0.0606	450.2	1.863	0.0570	449.9	1.858	0.0539	449.6	1.853
85	0.0656	455.5	1.882	0.0616	455.2	1.877	0.0580	455.0	1.872	0.0548	454.7	1.867
90	0.0667	460.6	1.896	0.0626	460.3	1.891	0.0590	460.0	1.886	0.0557	459.7	1.881
95	0.0678	465.6	1.910	0.0636	465.4	1.905	0.0599	465.1	1.900	0.0566	464.8	1.895
100	0.0688	470.7	1.924	0.0646	470.5	1.919	0.0609	470.2	1.914	0.0575	470.0	1.909
105	0.0699	475.8	1.937	0.0656	475.6	1.932	0.0618	475.4	1.928	0.0584	475.1	1.923
110	0.0709	481.0	1.951	0.0666	480.8	1.946	0.0628	480.5	1.941	0.0593	480.3	1.937
115	0.0720	486.2	1.965	0.0676	486.0	1.959	0.0637	485.8	1.955	0.0602	485.5	1.950
120	0.0730	491.4	1.978	0.0686	491.2	1.973	0.0646	491.0	1.968	0.0611	490.8	1.964
125	0.0741	496.7	1.991	0.0696	496.5	1.986	0.0656	496.3	1.981	0.0620	496.1	1.977
130	0.0751	502.0	2.004	0.0705	501.8	1.999	0.0665	501.6	1.995	0.0629	501.4	1.990
135	0.0761	507.3	2.018	0.0715	507.1	2.013	0.0674	506.9	2.008	0.0638	506.7	2.003
140	0.0771	512.7	2.031	0.0725	512.5	2.026	0.0683	512.3	2.021	0.0646	512.1	2.016
145	0.0782	518.1	2.044	0.0735	517.9	2.039	0.0693	517.7	2.034	0.0655	517.5	2.030
150	0.0792	523.5	2.057	0.0744	523.4	2.052	0.0702	523.2	2.047	0.0664	523.0	2.042
155	0.0802	529.0	2.069	0.0754	528.8	2.064	0.0711	528.7	2.060	0.0672	528.5	2.055

R513A 制冷剂在螺杆式冷水（热泵）机组中的适用性研究

续表

T/°C	绝对压力/kPa											
	500			525			550			575		
	V	H	S	V	H	S	V	H	S	V	H	S
15	0.0384	385.6	1.649	0.0363	384.9	1.644						
20	0.0395	390.5	1.666	0.0373	389.9	1.661	0.0354	389.3	1.656	0.0335	388.7	1.651
25	0.0406	395.3	1.683	0.0384	394.8	1.677	0.0364	394.2	1.672	0.0345	393.7	1.668
30	0.0416	400.2	1.699	0.0394	399.7	1.694	0.0373	399.2	1.689	0.0355	398.7	1.684
35	0.0426	405.0	1.715	0.0403	404.6	1.710	0.0383	404.1	1.705	0.0364	403.6	1.700
40	0.0436	409.9	1.730	0.0413	409.4	1.725	0.0392	409.0	1.721	0.0373	408.5	1.716
45	0.0446	414.8	1.746	0.0422	414.3	1.741	0.0401	413.9	1.736	0.0381	413.5	1.732
50	0.0455	419.6	1.761	0.0431	419.2	1.756	0.0410	418.8	1.752	0.0390	418.4	1.747
55	0.0465	424.5	1.776	0.0440	424.2	1.771	0.0418	423.8	1.767	0.0398	423.4	1.763
60	0.0474	429.4	1.791	0.0449	429.1	1.786	0.0427	428.7	1.782	0.0407	428.4	1.778
65	0.0483	434.4	1.805	0.0458	434.0	1.801	0.0436	433.7	1.797	0.0415	433.4	1.792
70	0.0492	439.3	1.820	0.0467	439.0	1.816	0.0444	438.7	1.811	0.0423	438.4	1.807
75	0.0501	444.3	1.834	0.0476	444.0	1.830	0.0452	443.7	1.826	0.0431	443.4	1.822
80	0.0510	449.4	1.849	0.0484	449.1	1.844	0.0461	448.8	1.840	0.0439	448.5	1.836
85	0.0519	454.4	1.863	0.0493	454.1	1.859	0.0469	453.8	1.854	0.0447	453.5	1.850
90	0.0528	459.5	1.877	0.0501	459.2	1.873	0.0477	458.9	1.869	0.0455	458.7	1.865
95	0.0536	464.6	1.891	0.0509	464.3	1.887	0.0485	464.1	1.883	0.0463	463.8	1.879
100	0.0545	469.7	1.905	0.0518	469.5	1.901	0.0493	469.2	1.896	0.0470	469.0	1.893
105	0.0554	474.9	1.919	0.0526	474.6	1.914	0.0501	474.4	1.910	0.0478	474.1	1.906
110	0.0562	480.1	1.932	0.0534	479.8	1.928	0.0509	479.6	1.924	0.0486	479.4	1.920
115	0.0571	485.3	1.946	0.0542	485.1	1.942	0.0517	484.9	1.938	0.0493	484.6	1.934
120	0.0579	490.6	1.959	0.0551	490.3	1.955	0.0524	490.1	1.951	0.0501	489.9	1.947
125	0.0588	495.9	1.973	0.0559	495.6	1.968	0.0532	495.4	1.965	0.0508	495.2	1.961
130	0.0596	501.2	1.986	0.0567	501.0	1.982	0.0540	500.8	1.978	0.0516	500.6	1.974
135	0.0605	506.5	1.999	0.0575	506.3	1.995	0.0548	506.1	1.991	0.0523	505.9	1.987
140	0.0613	511.9	2.012	0.0583	511.7	2.008	0.0555	511.6	2.004	0.0530	511.4	2.000
145	0.0621	517.4	2.025	0.0591	517.2	2.021	0.0563	517.0	2.017	0.0538	516.8	2.014
150	0.0630	522.8	2.038	0.0599	522.6	2.034	0.0571	522.5	2.030	0.0545	522.3	2.027
155	0.0638	528.3	2.051	0.0607	528.1	2.047	0.0578	528.0	2.043	0.0552	527.8	2.040
160	0.0646	533.8	2.064	0.0615	533.7	2.060	0.0586	533.5	2.056	0.0560	533.3	2.052

续表

| T/℃ | 绝对压力/kPa | | | | | | | | | | | |
| | 600 | | | 625 | | | 650 | | | 675 | | |
	V	H	S	V	H	S	V	H	S	V	H	S
20	0.0319	388.1	1.646									
25	0.0328	393.1	1.663	0.0313	392.5	1.658	0.0298	392.0	1.654	0.0285	391.3	1.649
30	0.0337	398.1	1.680	0.0322	397.6	1.675	0.0307	397.1	1.671	0.0293	396.5	1.666
35	0.0346	403.1	1.696	0.0330	402.6	1.691	0.0315	402.1	1.687	0.0302	401.6	1.683
40	0.0355	408.1	1.712	0.0339	407.6	1.708	0.0324	407.2	1.703	0.0310	406.7	1.699
45	0.0364	413.1	1.728	0.0347	412.6	1.723	0.0332	412.2	1.719	0.0318	411.7	1.715
50	0.0372	418.0	1.743	0.0355	417.6	1.739	0.0340	417.2	1.735	0.0325	416.8	1.731
55	0.0380	423.0	1.758	0.0363	422.6	1.754	0.0348	422.2	1.750	0.0333	421.8	1.747
60	0.0388	428.0	1.773	0.0371	427.6	1.770	0.0355	427.3	1.766	0.0340	426.9	1.762
65	0.0396	433.0	1.788	0.0379	432.7	1.785	0.0363	432.3	1.781	0.0348	432.0	1.777
70	0.0404	438.0	1.803	0.0386	437.7	1.799	0.0370	437.4	1.796	0.0355	437.0	1.792
75	0.0412	443.1	1.818	0.0394	442.8	1.814	0.0377	442.5	1.810	0.0362	442.1	1.807
80	0.0419	448.2	1.832	0.0401	447.9	1.828	0.0385	447.6	1.825	0.0369	447.2	1.821
85	0.0427	453.3	1.847	0.0409	453.0	1.843	0.0392	452.7	1.839	0.0376	452.4	1.836
90	0.0435	458.4	1.861	0.0416	458.1	1.857	0.0399	457.8	1.853	0.0383	457.5	1.850
95	0.0442	463.5	1.875	0.0423	463.3	1.871	0.0406	463.0	1.868	0.0390	462.7	1.864
100	0.0450	468.7	1.889	0.0430	468.4	1.885	0.0413	468.2	1.882	0.0396	467.9	1.878
105	0.0457	473.9	1.903	0.0438	473.7	1.899	0.0420	473.4	1.896	0.0403	473.2	1.892
110	0.0464	479.1	1.916	0.0445	478.9	1.913	0.0426	478.7	1.909	0.0410	478.4	1.906
115	0.0471	484.4	1.930	0.0452	484.2	1.926	0.0433	483.9	1.923	0.0416	483.7	1.920
120	0.0479	489.7	1.944	0.0459	489.5	1.940	0.0440	489.2	1.937	0.0423	489.0	1.933
125	0.0486	495.0	1.957	0.0466	494.8	1.954	0.0447	494.6	1.950	0.0429	494.4	1.947
130	0.0493	500.4	1.970	0.0472	500.2	1.967	0.0453	499.9	1.964	0.0436	499.7	1.960
135	0.0500	505.7	1.984	0.0479	505.5	1.980	0.0460	505.3	1.977	0.0442	505.1	1.974
140	0.0507	511.2	1.997	0.0486	511.0	1.993	0.0467	510.8	1.990	0.0449	510.6	1.987
145	0.0514	516.6	2.010	0.0493	516.4	2.007	0.0473	516.2	2.003	0.0455	516.0	2.000
150	0.0521	522.1	2.023	0.0500	521.9	2.020	0.0480	521.7	2.016	0.0461	521.5	2.013
155	0.0528	527.6	2.036	0.0507	527.4	2.033	0.0486	527.2	2.029	0.0468	527.1	2.026
160	0.0535	533.1	2.049	0.0513	533.0	2.045	0.0493	532.8	2.042	0.0474	532.6	2.039
165	0.0542	538.7	2.062	0.0520	538.5	2.058	0.0499	538.4	2.055	0.0480	538.2	2.052

续表

T/℃	绝对压力/kPa											
	700			725			750			775		
	V	H	S	V	H	S	V	H	S	V	H	S
25	0.0272	390.7	1.645									
30	0.0281	395.9	1.662	0.0269	395.4	1.658	0.0258	394.8	1.654	0.0247	394.2	1.650
35	0.0289	401.1	1.679	0.0277	400.6	1.675	0.0266	400.0	1.671	0.0255	399.5	1.667
40	0.0297	406.2	1.695	0.0285	405.7	1.692	0.0274	405.2	1.688	0.0263	404.7	1.684
45	0.0305	411.3	1.712	0.0292	410.8	1.708	0.0281	410.4	1.704	0.0270	409.9	1.700
50	0.0312	416.4	1.727	0.0300	415.9	1.724	0.0288	415.5	1.720	0.0277	415.1	1.717
55	0.0320	421.4	1.743	0.0307	421.0	1.739	0.0295	420.6	1.736	0.0284	420.2	1.732
60	0.0327	426.5	1.758	0.0314	426.1	1.755	0.0302	425.8	1.751	0.0291	425.4	1.748
65	0.0334	431.6	1.773	0.0321	431.2	1.770	0.0309	430.9	1.767	0.0298	430.5	1.763
70	0.0341	436.7	1.788	0.0328	436.4	1.785	0.0316	436.0	1.782	0.0304	435.7	1.778
75	0.0348	441.8	1.803	0.0335	441.5	1.800	0.0322	441.2	1.797	0.0311	440.8	1.793
80	0.0355	446.9	1.818	0.0341	446.6	1.815	0.0329	446.3	1.811	0.0317	446.0	1.808
85	0.0361	452.1	1.832	0.0348	451.8	1.829	0.0335	451.5	1.826	0.0323	451.2	1.823
90	0.0368	457.3	1.847	0.0354	457.0	1.843	0.0341	456.7	1.840	0.0329	456.4	1.837
95	0.0375	462.4	1.861	0.0361	462.2	1.858	0.0348	461.9	1.854	0.0336	461.6	1.851
100	0.0381	467.7	1.875	0.0367	467.4	1.872	0.0354	467.1	1.869	0.0342	466.9	1.866
105	0.0388	472.9	1.889	0.0373	472.7	1.886	0.0360	472.4	1.883	0.0347	472.1	1.880
110	0.0394	478.2	1.903	0.0380	477.9	1.900	0.0366	477.7	1.897	0.0353	477.4	1.894
115	0.0401	483.5	1.916	0.0386	483.2	1.913	0.0372	483.0	1.910	0.0359	482.8	1.907
120	0.0407	488.8	1.930	0.0392	488.6	1.927	0.0378	488.3	1.924	0.0365	488.1	1.921
125	0.0413	494.1	1.944	0.0398	493.9	1.941	0.0384	493.7	1.938	0.0371	493.5	1.935
130	0.0419	499.5	1.957	0.0404	499.3	1.954	0.0390	499.1	1.951	0.0377	498.9	1.948
135	0.0426	504.9	1.970	0.0410	504.7	1.967	0.0396	504.5	1.964	0.0382	504.3	1.961
140	0.0432	510.4	1.984	0.0416	510.2	1.981	0.0402	510.0	1.978	0.0388	509.8	1.975
145	0.0438	515.9	1.997	0.0422	515.7	1.994	0.0407	515.5	1.991	0.0394	515.3	1.988
150	0.0444	521.4	2.010	0.0428	521.2	2.007	0.0413	521.0	2.004	0.0399	520.8	2.001
155	0.0450	526.9	2.023	0.0434	526.7	2.020	0.0419	526.5	2.017	0.0405	526.3	2.014
160	0.0456	532.4	2.036	0.0440	532.3	2.033	0.0425	532.1	2.030	0.0410	531.9	2.027
165	0.0462	538.0	2.049	0.0446	537.9	2.046	0.0430	537.7	2.043	0.0416	537.5	2.040
170	0.0468	543.7	2.061	0.0452	543.5	2.058	0.0436	543.3	2.056	0.0421	543.2	2.053

续表

T/℃	绝对压力/kPa											
	800			900			1000			1100		
	V	H	S	V	H	S	V	H	S	V	H	S
30	0.0238	393.6	1.646									
35	0.0246	398.9	1.663	0.0211	396.6	1.648						
40	0.0253	404.2	1.680	0.0219	402.1	1.666	0.0191	399.7	1.652			
45	0.0260	409.4	1.697	0.0225	407.5	1.683	0.0197	405.3	1.670	0.0174	403.1	1.657
50	0.0267	414.6	1.713	0.0232	412.8	1.700	0.0204	410.9	1.687	0.0180	408.8	1.675
55	0.0274	419.8	1.729	0.0238	418.1	1.716	0.0210	416.3	1.704	0.0186	414.4	1.692
60	0.0281	425.0	1.745	0.0245	423.4	1.732	0.0216	421.7	1.720	0.0192	419.9	1.709
65	0.0287	430.1	1.760	0.0251	428.6	1.748	0.0221	427.1	1.736	0.0197	425.4	1.725
70	0.0294	435.3	1.775	0.0257	433.9	1.763	0.0227	432.4	1.752	0.0203	430.9	1.741
75	0.0300	440.5	1.790	0.0262	439.1	1.778	0.0232	437.7	1.767	0.0208	436.3	1.757
80	0.0306	445.7	1.805	0.0268	444.4	1.793	0.0238	443.1	1.782	0.0213	441.7	1.772
85	0.0312	450.9	1.820	0.0274	449.7	1.808	0.0243	448.4	1.797	0.0218	447.1	1.787
90	0.0318	456.1	1.834	0.0279	454.9	1.823	0.0248	453.7	1.812	0.0222	452.5	1.802
95	0.0324	461.3	1.848	0.0285	460.2	1.837	0.0253	459.1	1.827	0.0227	457.9	1.817
100	0.0330	466.6	1.863	0.0290	465.5	1.851	0.0258	464.4	1.841	0.0232	463.3	1.832
105	0.0336	471.9	1.877	0.0295	470.9	1.866	0.0263	469.8	1.856	0.0236	468.7	1.846
110	0.0342	477.2	1.891	0.0301	476.2	1.880	0.0268	475.2	1.870	0.0241	474.2	1.860
115	0.0347	482.5	1.904	0.0306	481.6	1.894	0.0273	480.6	1.884	0.0245	479.6	1.874
120	0.0353	487.9	1.918	0.0311	487.0	1.907	0.0277	486.0	1.898	0.0250	485.1	1.888
125	0.0359	493.3	1.932	0.0316	492.4	1.921	0.0282	491.5	1.911	0.0254	490.6	1.902
130	0.0364	498.7	1.945	0.0321	497.8	1.935	0.0287	497.0	1.925	0.0258	496.1	1.916
135	0.0370	504.1	1.959	0.0326	503.3	1.948	0.0291	502.5	1.939	0.0263	501.6	1.930
140	0.0375	509.6	1.972	0.0331	508.8	1.962	0.0296	508.0	1.952	0.0267	507.2	1.943
145	0.0381	515.1	1.985	0.0336	514.3	1.975	0.0300	513.5	1.965	0.0271	512.7	1.957
150	0.0386	520.6	1.998	0.0341	519.9	1.988	0.0305	519.1	1.979	0.0275	518.3	1.970
155	0.0392	526.2	2.011	0.0346	525.4	2.001	0.0309	524.7	1.992	0.0280	524.0	1.983
160	0.0397	531.7	2.024	0.0351	531.0	2.014	0.0314	530.3	2.005	0.0284	529.6	1.996
165	0.0402	537.4	2.037	0.0356	536.7	2.027	0.0318	536.0	2.018	0.0288	535.3	2.009
170	0.0408	543.0	2.050	0.0360	542.3	2.040	0.0323	541.7	2.031	0.0292	541.0	2.022
175	0.0413	548.7	2.063	0.0365	548.0	2.053	0.0327	547.4	2.044	0.0296	546.7	2.035

续表

T/℃	绝对压力/kPa											
	1200			1300			1400			1500		
	V	H	S	V	H	S	V	H	S	V	H	S
45	0.0154	400.6	1.644									
50	0.0160	406.6	1.663	0.0143	404.2	1.651						
55	0.0166	412.4	1.680	0.0149	410.3	1.669	0.0134	408.0	1.658	0.0121	405.4	1.646
60	0.0172	418.1	1.698	0.0154	416.2	1.687	0.0140	414.1	1.676	0.0126	411.9	1.666
65	0.0177	423.7	1.714	0.0160	421.9	1.704	0.0145	420.0	1.694	0.0132	418.0	1.684
70	0.0182	429.3	1.731	0.0165	427.6	1.721	0.0150	425.9	1.711	0.0136	424.1	1.702
75	0.0187	434.8	1.747	0.0169	433.3	1.737	0.0154	431.7	1.728	0.0141	430.0	1.719
80	0.0192	440.3	1.762	0.0174	438.9	1.753	0.0159	437.4	1.744	0.0145	435.8	1.735
85	0.0196	445.8	1.778	0.0179	444.4	1.769	0.0163	443.0	1.760	0.0150	441.6	1.752
90	0.0201	451.3	1.793	0.0183	450.0	1.784	0.0167	448.6	1.776	0.0154	447.3	1.767
95	0.0206	456.7	1.808	0.0187	455.5	1.799	0.0171	454.2	1.791	0.0158	452.9	1.783
100	0.0210	462.2	1.823	0.0191	461.0	1.814	0.0175	459.8	1.806	0.0162	458.6	1.798
105	0.0214	467.7	1.837	0.0195	466.5	1.829	0.0179	465.4	1.821	0.0165	464.3	1.813
110	0.0219	473.1	1.852	0.0200	472.1	1.843	0.0183	471.0	1.836	0.0169	469.9	1.828
115	0.0223	478.6	1.866	0.0203	477.6	1.858	0.0187	476.6	1.850	0.0173	475.5	1.843
120	0.0227	484.1	1.880	0.0207	483.2	1.872	0.0191	482.2	1.864	0.0176	481.2	1.857
125	0.0231	489.7	1.894	0.0211	488.7	1.886	0.0194	487.8	1.879	0.0180	486.8	1.871
130	0.0235	495.2	1.908	0.0215	494.3	1.900	0.0198	493.4	1.893	0.0183	492.5	1.886
135	0.0239	500.8	1.921	0.0219	499.9	1.914	0.0202	499.0	1.906	0.0187	498.1	1.900
140	0.0243	506.3	1.935	0.0223	505.5	1.927	0.0205	504.7	1.920	0.0190	503.8	1.913
145	0.0247	511.9	1.949	0.0226	511.1	1.941	0.0209	510.3	1.934	0.0193	509.5	1.927
150	0.0251	517.6	1.962	0.0230	516.8	1.954	0.0212	516.0	1.947	0.0197	515.2	1.941
155	0.0255	523.2	1.975	0.0234	522.5	1.968	0.0215	521.7	1.961	0.0200	521.0	1.954
160	0.0258	528.9	1.988	0.0237	528.2	1.981	0.0219	527.4	1.974	0.0203	526.7	1.967
165	0.0262	534.6	2.001	0.0241	533.9	1.994	0.0222	533.2	1.987	0.0206	532.5	1.981
170	0.0266	540.3	2.014	0.0244	539.6	2.007	0.0226	538.9	2.000	0.0209	538.3	1.994
175	0.0270	546.1	2.027	0.0248	545.4	2.020	0.0229	544.7	2.013	0.0212	544.1	2.007
180	0.0274	551.8	2.040	0.0251	551.2	2.033	0.0232	550.6	2.026	0.0216	549.9	2.020
185	0.0277	557.6	2.053	0.0255	557.0	2.046	0.0235	556.4	2.039	0.0219	555.8	2.033
190	0.0281	563.5	2.066	0.0258	562.9	2.058	0.0239	562.3	2.052	0.0222	561.6	2.045

续表

T/℃	绝对压力/kPa											
	1600			1700			1800			1900		
	V	H	S	V	H	S	V	H	S	V	H	S
60	0.0115	409.4	1.655	0.0104	406.8	1.644						
65	0.0120	415.9	1.674	0.0109	413.6	1.664	0.0100	411.1	1.653	0.0091	408.3	1.642
70	0.0125	422.1	1.692	0.0114	420.1	1.683	0.0105	417.9	1.673	0.0096	415.5	1.664
75	0.0129	428.2	1.710	0.0119	426.4	1.701	0.0109	424.4	1.692	0.0101	422.3	1.683
80	0.0134	434.2	1.727	0.0123	432.5	1.718	0.0114	430.7	1.710	0.0105	428.8	1.702
85	0.0138	440.0	1.743	0.0127	438.5	1.735	0.0118	436.8	1.727	0.0109	435.2	1.719
90	0.0142	445.9	1.760	0.0131	444.4	1.752	0.0122	442.9	1.744	0.0113	441.3	1.737
95	0.0146	451.6	1.775	0.0135	450.3	1.768	0.0125	448.9	1.760	0.0117	447.4	1.753
100	0.0149	457.4	1.791	0.0139	456.1	1.784	0.0129	454.8	1.776	0.0120	453.4	1.769
105	0.0153	463.1	1.806	0.0142	461.9	1.799	0.0132	460.6	1.792	0.0124	459.4	1.785
110	0.0157	468.8	1.821	0.0146	467.6	1.814	0.0136	466.5	1.807	0.0127	465.3	1.801
115	0.0160	474.5	1.836	0.0149	473.4	1.829	0.0139	472.3	1.822	0.0130	471.1	1.816
120	0.0164	480.2	1.850	0.0152	479.1	1.844	0.0142	478.1	1.837	0.0133	477.0	1.831
125	0.0167	485.8	1.865	0.0156	484.9	1.858	0.0145	483.8	1.852	0.0136	482.8	1.846
130	0.0170	491.5	1.879	0.0159	490.6	1.872	0.0149	489.6	1.866	0.0139	488.7	1.860
135	0.0173	497.2	1.893	0.0162	496.3	1.887	0.0152	495.4	1.881	0.0142	494.5	1.875
140	0.0177	503.0	1.907	0.0165	502.1	1.901	0.0155	501.2	1.895	0.0145	500.3	1.889
145	0.0180	508.7	1.921	0.0168	507.8	1.914	0.0157	507.0	1.909	0.0148	506.1	1.903
150	0.0183	514.4	1.934	0.0171	513.6	1.928	0.0160	512.8	1.922	0.0151	512.0	1.917
155	0.0186	520.2	1.948	0.0174	519.4	1.942	0.0163	518.6	1.936	0.0154	517.8	1.930
160	0.0189	526.0	1.961	0.0177	525.2	1.955	0.0166	524.4	1.950	0.0156	523.7	1.944
165	0.0192	531.7	1.975	0.0180	531.0	1.969	0.0169	530.3	1.963	0.0159	529.6	1.958
170	0.0195	537.6	1.988	0.0183	536.9	1.982	0.0172	536.1	1.976	0.0162	535.4	1.971
175	0.0198	543.4	2.001	0.0185	542.7	1.995	0.0174	542.0	1.989	0.0164	541.3	1.984
180	0.0201	549.2	2.014	0.0188	548.6	2.008	0.0177	547.9	2.003	0.0167	547.3	1.997
185	0.0204	555.1	2.027	0.0191	554.5	2.021	0.0180	553.8	2.016	0.0169	553.2	2.010
190	0.0207	561.0	2.040	0.0194	560.4	2.034	0.0182	559.8	2.028	0.0172	559.2	2.023
195	0.0210	566.9	2.052	0.0197	566.3	2.047	0.0185	565.7	2.041	0.0174	565.1	2.036
200	0.0213	572.9	2.065	0.0199	572.3	2.059	0.0188	571.7	2.054	0.0177	571.1	2.049
205	0.0216	578.9	2.077	0.0202	578.3	2.072	0.0190	577.7	2.067	0.0179	577.2	2.062

续表

T/℃	绝对压力/kPa											
	2000			2100			2200			2300		
	V	H	S	V	H	S	V	H	S	V	H	S
70	0.0088	412.9	1.653	0.0081	410.0	1.642						
75	0.0093	420.1	1.674	0.0086	417.7	1.664	0.0079	415.0	1.654	0.0072	412.0	1.644
80	0.0098	426.9	1.693	0.0090	424.8	1.685	0.0084	422.5	1.676	0.0077	420.1	1.667
85	0.0102	433.4	1.712	0.0095	431.5	1.704	0.0088	429.5	1.696	0.0082	427.4	1.687
90	0.0105	439.7	1.729	0.0098	438.0	1.722	0.0092	436.2	1.714	0.0086	434.4	1.707
95	0.0109	445.9	1.746	0.0102	444.4	1.739	0.0096	442.7	1.732	0.0090	441.1	1.725
100	0.0113	452.0	1.763	0.0105	450.6	1.756	0.0099	449.1	1.749	0.0093	447.6	1.742
105	0.0116	458.0	1.779	0.0109	456.7	1.772	0.0102	455.3	1.766	0.0096	453.9	1.759
110	0.0119	464.0	1.794	0.0112	462.8	1.788	0.0105	461.5	1.782	0.0099	460.2	1.776
115	0.0122	470.0	1.810	0.0115	468.8	1.804	0.0108	467.6	1.798	0.0102	466.3	1.792
120	0.0125	475.9	1.825	0.0118	474.8	1.819	0.0111	473.6	1.813	0.0105	472.5	1.807
125	0.0128	481.8	1.840	0.0121	480.7	1.834	0.0114	479.6	1.828	0.0108	478.5	1.823
130	0.0131	487.7	1.854	0.0124	486.7	1.849	0.0117	485.6	1.843	0.0111	484.6	1.838
135	0.0134	493.5	1.869	0.0126	492.6	1.863	0.0120	491.6	1.858	0.0113	490.6	1.853
140	0.0137	499.4	1.883	0.0129	498.5	1.878	0.0122	497.6	1.873	0.0116	496.6	1.867
145	0.0140	505.3	1.897	0.0132	504.4	1.892	0.0125	503.5	1.887	0.0118	502.6	1.882
150	0.0142	511.1	1.911	0.0134	510.3	1.906	0.0127	509.4	1.901	0.0121	508.6	1.896
155	0.0145	517.0	1.925	0.0137	516.2	1.920	0.0130	515.4	1.915	0.0123	514.6	1.910
160	0.0147	522.9	1.939	0.0140	522.1	1.934	0.0132	521.3	1.929	0.0126	520.6	1.924
165	0.0150	528.8	1.952	0.0142	528.1	1.947	0.0135	527.3	1.942	0.0128	526.5	1.938
170	0.0153	534.7	1.966	0.0144	534.0	1.961	0.0137	533.3	1.956	0.0130	532.5	1.951
175	0.0155	540.6	1.979	0.0147	539.9	1.974	0.0139	539.2	1.969	0.0133	538.5	1.965
180	0.0158	546.6	1.992	0.0149	545.9	1.987	0.0142	545.2	1.983	0.0135	544.6	1.978
185	0.0160	552.5	2.005	0.0152	551.9	2.001	0.0144	551.2	1.996	0.0137	550.6	1.991
190	0.0163	558.5	2.018	0.0154	557.9	2.014	0.0146	557.3	2.009	0.0139	556.6	2.004
195	0.0165	564.5	2.031	0.0156	563.9	2.026	0.0149	563.3	2.022	0.0142	562.7	2.017
200	0.0167	570.5	2.044	0.0159	569.9	2.039	0.0151	569.3	2.035	0.0144	568.7	2.030
205	0.0170	576.6	2.057	0.0161	576.0	2.052	0.0153	575.4	2.048	0.0146	574.8	2.043
210	0.0172	582.6	2.069	0.0163	582.1	2.065	0.0155	581.5	2.060	0.0148	580.9	2.056
215	0.0174	588.7	2.082	0.0166	588.2	2.077	0.0157	587.6	2.073	0.0150	587.1	2.068

续表

T/℃	绝对压力/kPa											
	2400			2600			2800			3000		
	V	H	S	V	H	S	V	H	S	V	H	S
75	0.0066	408.6	1.632									
80	0.0071	417.4	1.657	0.0060	410.9	1.635						
85	0.0076	425.2	1.679	0.0066	420.1	1.661	0.0056	413.6	1.639			
90	0.0080	432.4	1.699	0.0070	428.1	1.683	0.0061	423.1	1.665	0.0052	416.8	1.645
95	0.0084	439.3	1.718	0.0074	435.5	1.703	0.0065	431.3	1.688	0.0057	426.4	1.671
100	0.0087	446.0	1.736	0.0077	442.6	1.722	0.0069	438.9	1.708	0.0061	434.7	1.694
105	0.0091	452.4	1.753	0.0081	449.4	1.740	0.0072	446.1	1.727	0.0064	442.4	1.714
110	0.0094	458.8	1.770	0.0084	456.0	1.758	0.0075	453.0	1.746	0.0068	449.7	1.734
115	0.0097	465.1	1.786	0.0087	462.5	1.774	0.0078	459.7	1.763	0.0071	456.8	1.752
120	0.0100	471.3	1.802	0.0090	468.8	1.791	0.0081	466.3	1.780	0.0073	463.6	1.769
125	0.0102	477.4	1.817	0.0092	475.1	1.807	0.0084	472.7	1.796	0.0076	470.2	1.786
130	0.0105	483.5	1.833	0.0095	481.4	1.822	0.0086	479.1	1.812	0.0078	476.8	1.802
135	0.0108	489.6	1.848	0.0097	487.6	1.838	0.0089	485.4	1.828	0.0081	483.3	1.818
140	0.0110	495.7	1.862	0.0100	493.7	1.853	0.0091	491.7	1.843	0.0083	489.6	1.834
145	0.0113	501.7	1.877	0.0102	499.8	1.867	0.0093	497.9	1.858	0.0085	496.0	1.849
150	0.0115	507.7	1.891	0.0104	505.9	1.882	0.0095	504.1	1.873	0.0088	502.3	1.864
155	0.0117	513.7	1.905	0.0107	512.0	1.896	0.0098	510.3	1.887	0.0090	508.6	1.879
160	0.0120	519.8	1.919	0.0109	518.1	1.910	0.0100	516.5	1.902	0.0092	514.8	1.893
165	0.0122	525.8	1.933	0.0111	524.2	1.924	0.0102	522.6	1.916	0.0094	521.0	1.908
170	0.0124	531.8	1.947	0.0113	530.3	1.938	0.0104	528.8	1.930	0.0096	527.2	1.922
175	0.0126	537.8	1.960	0.0115	536.4	1.952	0.0106	534.9	1.943	0.0098	533.4	1.936
180	0.0129	543.9	1.974	0.0117	542.5	1.965	0.0108	541.1	1.957	0.0100	539.6	1.949
185	0.0131	549.9	1.987	0.0120	548.6	1.979	0.0110	547.2	1.971	0.0101	545.8	1.963
190	0.0133	556.0	2.000	0.0122	554.7	1.992	0.0112	553.4	1.984	0.0103	552.1	1.976
195	0.0135	562.1	2.013	0.0124	560.8	2.005	0.0114	559.5	1.997	0.0105	558.3	1.990
200	0.0137	568.1	2.026	0.0126	566.9	2.018	0.0116	565.7	2.010	0.0107	564.5	2.003
205	0.0139	574.3	2.039	0.0127	573.1	2.031	0.0117	571.9	2.023	0.0109	570.7	2.016
210	0.0141	580.4	2.052	0.0129	579.2	2.044	0.0119	578.1	2.036	0.0110	576.9	2.029
215	0.0143	586.5	2.064	0.0131	585.4	2.056	0.0121	584.3	2.049	0.0112	583.2	2.042
220	0.0145	592.7	2.077	0.0133	591.6	2.069	0.0123	590.5	2.062	0.0114	589.4	2.055

$T/℃$	绝对压力/kPa								
	3200			3400			3600		
	V	H	S	V	H	S	V	H	S
90	0.0043	408.0	1.618						
95	0.0049	420.5	1.652	0.0041	412.6	1.629	0.0031	398.1	1.587
100	0.0054	430.0	1.678	0.0047	424.5	1.661	0.0040	417.5	1.640
105	0.0057	438.5	1.701	0.0051	434.0	1.686	0.0045	428.9	1.670
110	0.0061	446.3	1.721	0.0055	442.4	1.708	0.0049	438.2	1.694
115	0.0064	453.6	1.740	0.0058	450.3	1.728	0.0052	446.7	1.716
120	0.0067	460.7	1.758	0.0061	457.7	1.747	0.0055	454.5	1.736
125	0.0069	467.6	1.776	0.0063	464.9	1.766	0.0058	462.0	1.755
130	0.0072	474.4	1.793	0.0066	471.8	1.783	0.0060	469.2	1.773
135	0.0074	481.0	1.809	0.0068	478.6	1.800	0.0063	476.2	1.791
140	0.0076	487.5	1.825	0.0070	485.3	1.816	0.0065	483.1	1.807
145	0.0079	494.0	1.840	0.0073	491.9	1.832	0.0067	489.8	1.823
150	0.0081	500.4	1.856	0.0075	498.4	1.847	0.0069	496.5	1.839
155	0.0083	506.8	1.871	0.0077	504.9	1.863	0.0071	503.0	1.855
160	0.0085	513.1	1.885	0.0079	511.3	1.877	0.0073	509.6	1.870
165	0.0087	519.4	1.900	0.0080	517.7	1.892	0.0075	516.0	1.885
170	0.0089	525.7	1.914	0.0082	524.1	1.907	0.0077	522.5	1.899
175	0.0090	531.9	1.928	0.0084	530.4	1.921	0.0079	528.9	1.914
180	0.0092	538.2	1.942	0.0086	536.7	1.935	0.0080	535.3	1.928
185	0.0094	544.5	1.956	0.0088	543.1	1.949	0.0082	541.6	1.942
190	0.0096	550.7	1.969	0.0089	549.4	1.962	0.0084	548.0	1.956
195	0.0098	557.0	1.983	0.0091	555.7	1.976	0.0085	554.4	1.969
200	0.0099	563.2	1.996	0.0093	562.0	1.989	0.0087	560.7	1.983
205	0.0101	569.5	2.009	0.0094	568.3	2.003	0.0088	567.1	1.996
210	0.0103	575.8	2.022	0.0096	574.6	2.016	0.0090	573.4	2.009
215	0.0104	582.1	2.035	0.0098	580.9	2.029	0.0091	579.8	2.023
220	0.0106	588.4	2.048	0.0099	587.3	2.042	0.0093	586.2	2.036
225	0.0108	594.7	2.061	0.0101	593.6	2.054	0.0094	592.5	2.048
230	0.0109	601.0	2.073	0.0102	600.0	2.067	0.0096	598.9	2.061
235	0.0111	607.3	2.086	0.0104	606.3	2.080	0.0097	605.3	2.074

3. R513A 的传输性能参数

传输性能参数主要包括比容、黏度、导热率、声速及表面张力。R513A 处于相平衡时的传输性能参数见附表 5。

附表 5　R513A 处于相平衡时的传输性能参数

$T/℃$	$c_p/$ [kJ/(kg·K)]		c_p/c_v	黏度 $\mu/$ (μPa·s)		动力黏度 $\nu/$ (cm²·s)		导热率/ [mW/(m·K)]		声速 $c/$ (m/s)		表面张力 $\gamma/$ (mN/m)
	液相	气相	气相	液相	气相	液相	气相	液相	气相	液相	气相	
−40	1.1991	0.7681	1.1365	372.6	8.734	0.0028	0.0246	95.12	8.367	756.9	137.9	16.10
−39	1.2016	0.7714	1.1368	367.6	8.783	0.0027	0.0236	94.71	8.449	752.2	138.1	15.94
−38	1.2041	0.7746	1.1372	362.7	8.831	0.0027	0.0227	94.29	8.532	747.6	138.2	15.79
−37	1.2067	0.7779	1.1375	357.8	8.879	0.0027	0.0218	93.88	8.614	742.9	138.3	15.63
−36	1.2092	0.7812	1.1379	353.1	8.927	0.0027	0.0209	93.46	8.696	738.3	138.5	15.47
−35	1.2118	0.7846	1.1383	348.4	8.975	0.0026	0.0201	93.05	8.778	733.6	138.6	15.32
−34	1.2143	0.7879	1.1387	343.9	9.022	0.0026	0.0193	92.64	8.861	729.0	138.7	15.16
−33	1.2169	0.7913	1.1391	339.4	9.070	0.0026	0.0186	92.23	8.943	724.4	138.8	15.00
−32	1.2195	0.7947	1.1396	334.9	9.117	0.0025	0.0179	91.82	9.026	719.8	139.0	14.85
−31	1.2222	0.7982	1.1401	330.6	9.164	0.0025	0.0172	91.41	9.109	715.2	139.1	14.69
−30	1.2248	0.8017	1.1406	326.3	9.211	0.0025	0.0166	91.00	9.191	710.6	139.2	14.54
−29	1.2275	0.8052	1.1411	322.1	9.258	0.0025	0.0160	90.60	9.274	706.0	139.3	14.38
−28	1.2301	0.8087	1.1417	318.0	9.305	0.0024	0.0154	90.19	9.357	701.5	139.4	14.23
−27	1.2328	0.8122	1.1422	313.9	9.351	0.0024	0.0148	89.78	9.440	696.9	139.5	14.08
−26	1.2355	0.8158	1.1428	309.9	9.398	0.0024	0.0143	89.38	9.523	692.3	139.6	13.92
−25	1.2383	0.8194	1.1434	306.0	9.444	0.0024	0.0138	88.98	9.606	687.8	139.6	13.77
−24	1.2410	0.8231	1.1441	302.1	9.490	0.0023	0.0133	88.58	9.689	683.3	139.7	13.62
−23	1.2438	0.8267	1.1448	298.3	9.537	0.0023	0.0129	88.17	9.773	678.7	139.8	13.47
−22	1.2465	0.8304	1.1455	294.6	9.583	0.0023	0.0124	87.77	9.856	674.2	139.9	13.32
−21	1.2493	0.8342	1.1462	290.9	9.628	0.0023	0.0120	87.37	9.940	669.7	139.9	13.16
−20	1.2522	0.8379	1.1470	287.2	9.674	0.0022	0.0116	86.98	10.023	665.1	140.0	13.01
−19	1.2550	0.8417	1.1477	283.7	9.720	0.0022	0.0112	86.58	10.107	660.6	140.0	12.86
−18	1.2578	0.8456	1.1485	280.1	9.765	0.0022	0.0108	86.18	10.191	656.1	140.1	12.71

续表

$T/℃$	$c_p/$ [kJ/(kg·K)]		c_p/c_v	黏度 $\mu/$ (μPa·s)		动力黏度 $\nu/$ (cm²·s)		导热率/ [mW/(m·K)]		声速 $c/$ (m/s)		表面张力 $\gamma/$ (mN/m)
	液相	气相	气相	液相	气相	液相	气相	液相	气相	液相	气相	
−17	1.2607	0.8494	1.1494	276.7	9.811	0.0022	0.0105	85.79	10.275	651.6	140.1	12.57
−16	1.2636	0.8533	1.1502	273.3	9.856	0.0021	0.0101	85.39	10.359	647.1	140.2	12.42
−15	1.2665	0.8572	1.1511	269.9	9.901	0.0021	0.0098	85.00	10.443	642.6	140.2	12.27
−14	1.2695	0.8612	1.1521	266.6	9.946	0.0021	0.0095	84.60	10.528	638.1	140.2	12.12
−13	1.2725	0.8652	1.1530	263.3	9.991	0.0021	0.0092	84.21	10.612	633.6	140.2	11.97
−12	1.2755	0.8692	1.1540	260.1	10.036	0.0021	0.0089	83.82	10.697	629.1	140.2	11.83
−11	1.2785	0.8733	1.1550	256.9	10.081	0.0020	0.0086	83.43	10.782	624.7	140.3	11.68
−10	1.2815	0.8774	1.1561	253.8	10.125	0.0020	0.0083	83.04	10.867	620.2	140.3	11.53
−9	1.2846	0.8816	1.1572	250.7	10.170	0.0020	0.0081	82.65	10.952	615.7	140.2	11.39
−8	1.2877	0.8858	1.1583	247.6	10.214	0.0020	0.0078	82.27	11.037	611.2	140.2	11.24
−7	1.2908	0.8900	1.1595	244.6	10.258	0.0020	0.0076	81.88	11.123	606.8	140.2	11.10
−6	1.2939	0.8943	1.1607	241.7	10.303	0.0019	0.0073	81.49	11.209	602.3	140.2	10.95
−5	1.2971	0.8986	1.1619	238.7	10.347	0.0019	0.0071	81.11	11.295	597.8	140.2	10.81
−4	1.3003	0.9030	1.1632	235.9	10.391	0.0019	0.0069	80.72	11.381	593.4	140.1	10.67
−3	1.3036	0.9074	1.1645	233.0	10.434	0.0019	0.0067	80.34	11.467	588.9	140.1	10.52
−2	1.3068	0.9118	1.1659	230.2	10.478	0.0019	0.0065	79.96	11.554	584.5	140.1	10.38
−1	1.3101	0.9163	1.1673	227.4	10.522	0.0019	0.0063	79.58	11.641	580.0	140.0	10.24
0	1.3135	0.9209	1.1687	224.7	10.565	0.0018	0.0061	79.20	11.728	575.5	139.9	10.10
1	1.3168	0.9254	1.1702	222.0	10.609	0.0018	0.0060	78.82	11.815	571.1	139.9	9.95
2	1.3202	0.9301	1.1717	219.3	10.652	0.0018	0.0058	78.44	11.903	566.6	139.8	9.81
3	1.3237	0.9348	1.1733	216.7	10.696	0.0018	0.0056	78.06	11.991	562.2	139.7	9.67
4	1.3271	0.9395	1.1749	214.1	10.739	0.0018	0.0055	77.68	12.079	557.7	139.6	9.53
5	1.3307	0.9443	1.1766	211.5	10.782	0.0018	0.0053	77.31	12.167	553.3	139.5	9.40
6	1.3342	0.9492	1.1784	209.0	10.825	0.0017	0.0052	76.93	12.256	548.8	139.4	9.26
7	1.3378	0.9541	1.1802	206.5	10.868	0.0017	0.0050	76.56	12.345	544.4	139.3	9.12
8	1.3415	0.9591	1.1820	204.0	10.911	0.0017	0.0049	76.18	12.435	539.9	139.2	8.98
9	1.3452	0.9642	1.1839	201.6	10.953	0.0017	0.0047	75.81	12.525	535.4	139.1	8.84

续表

T/℃	$c_p/$ [kJ/(kg·K)]		c_p/c_v 气相	黏度 μ/ (μPa·s)		动力黏度 ν/ (cm²·s)		导热率/ [mW/(m·K)]		声速 c/ (m/s)		表面张力 γ/ (mN/m)
	液相	气相	气相	液相	气相	液相	气相	液相	气相	液相	气相	
10	1.3489	0.9693	1.1859	199.2	10.996	0.0017	0.0046	75.44	12.615	531.0	139.0	8.71
11	1.3527	0.9745	1.1879	196.8	11.039	0.0017	0.0045	75.06	12.706	526.5	138.8	8.57
12	1.3565	0.9798	1.1900	194.4	11.081	0.0016	0.0044	74.69	12.797	522.1	138.7	8.44
13	1.3604	0.9851	1.1922	192.1	11.123	0.0016	0.0042	74.32	12.889	517.6	138.5	8.30
14	1.3643	0.9905	1.1944	189.8	11.166	0.0016	0.0041	73.95	12.981	513.1	138.4	8.17
15	1.3683	0.9960	1.1968	187.5	11.208	0.0016	0.0040	73.58	13.073	508.6	138.2	8.03
16	1.3724	1.0016	1.1991	185.2	11.250	0.0016	0.0039	73.22	13.167	504.2	138.1	7.90
17	1.3765	1.0073	1.2016	183.0	11.292	0.0016	0.0038	72.85	13.260	499.7	137.9	7.77
18	1.3806	1.0131	1.2042	180.8	11.334	0.0016	0.0037	72.48	13.354	495.2	137.7	7.63
19	1.3849	1.0189	1.2068	178.6	11.376	0.0015	0.0036	72.12	13.449	490.7	137.5	7.50
20	1.3892	1.0249	1.2095	176.5	11.418	0.0015	0.0035	71.75	13.545	486.2	137.3	7.37
21	1.3935	1.0310	1.2124	174.3	11.460	0.0015	0.0034	71.39	13.641	481.8	137.1	7.24
22	1.3979	1.0372	1.2153	172.2	11.501	0.0015	0.0033	71.02	13.737	477.3	136.9	7.11
23	1.4025	1.0435	1.2183	170.1	11.543	0.0015	0.0033	70.66	13.835	472.8	136.6	6.98
24	1.4070	1.0499	1.2214	168.0	11.584	0.0015	0.0032	70.29	13.933	468.3	136.4	6.85
25	1.4117	1.0565	1.2247	166.0	11.626	0.0015	0.0031	69.93	14.032	463.8	136.2	6.72
26	1.4165	1.0632	1.2280	164.0	11.667	0.0015	0.0030	69.57	14.132	459.2	135.9	6.60
27	1.4213	1.0701	1.2315	162.0	11.709	0.0014	0.0029	69.21	14.233	454.7	135.6	6.47
28	1.4262	1.0771	1.2351	160.0	11.750	0.0014	0.0029	68.85	14.335	450.2	135.4	6.34
29	1.4312	1.0842	1.2388	158.0	11.791	0.0014	0.0028	68.49	14.437	445.7	135.1	6.22
30	1.4364	1.0916	1.2427	156.1	11.832	0.0014	0.0027	68.13	14.541	441.2	134.8	6.09
31	1.4416	1.0991	1.2467	154.1	11.873	0.0014	0.0027	67.77	14.646	436.6	134.5	5.97
32	1.4469	1.1068	1.2509	152.2	11.914	0.0014	0.0026	67.41	14.752	432.1	134.2	5.84
33	1.4524	1.1147	1.2552	150.3	11.955	0.0014	0.0025	67.05	14.859	427.6	133.9	5.72
34	1.4579	1.1227	1.2597	148.4	11.996	0.0014	0.0025	66.69	14.968	423.0	133.6	5.60
35	1.4636	1.1310	1.2643	146.6	12.037	0.0013	0.0024	66.34	15.078	418.5	133.2	5.48
36	1.4695	1.1396	1.2692	144.7	12.082	0.0013	0.0023	65.98	15.189	413.9	132.9	5.35

续表

T/℃	$c_p/$ [kJ/(kg·K)]		c_p/c_v 气相	黏度 $\mu/$ (μPa·s)		动力黏度 $\nu/$ (cm²·s)		导热率/ [mW/(m·K)]		声速 c/ (m/s)		表面张力 γ/ (mN/m)
	液相	气相		液相	气相	液相	气相	液相	气相	液相	气相	
37	1.4755	1.1483	1.2742	142.9	12.127	0.0013	0.0023	65.62	15.302	409.3	132.5	5.23
38	1.4816	1.1573	1.2794	141.1	12.172	0.0013	0.0022	65.27	15.416	404.8	132.2	5.11
39	1.4879	1.1666	1.2849	139.3	12.217	0.0013	0.0022	64.91	15.532	400.2	131.8	4.99
40	1.4944	1.1761	1.2906	137.5	12.273	0.0013	0.0021	64.56	15.649	395.6	131.4	4.88
41	1.5010	1.1860	1.2965	135.7	12.332	0.0013	0.0021	64.20	15.768	391.0	131.0	4.76
42	1.5079	1.1961	1.3026	134.0	12.393	0.0013	0.0020	63.85	15.889	386.4	130.6	4.64
43	1.5149	1.2065	1.3091	132.3	12.453	0.0012	0.0020	63.49	16.012	381.8	130.2	4.52
44	1.5222	1.2173	1.3158	130.5	12.515	0.0012	0.0019	63.14	16.138	377.2	129.8	4.41
45	1.5297	1.2285	1.3228	128.8	12.577	0.0012	0.0019	62.79	16.265	372.6	129.3	4.29
46	1.5374	1.2400	1.3301	127.1	12.641	0.0012	0.0019	62.43	16.401	368.0	128.9	4.18
47	1.5454	1.2520	1.3377	125.4	12.705	0.0012	0.0018	62.08	16.541	363.3	128.4	4.07
48	1.5537	1.2644	1.3457	123.8	12.771	0.0012	0.0018	61.72	16.685	358.6	128.0	3.95
49	1.5623	1.2772	1.3541	122.1	12.838	0.0012	0.0017	61.37	16.832	354.0	127.5	3.84
50	1.5712	1.2905	1.3629	120.4	12.906	0.0012	0.0017	61.02	16.984	349.3	127.0	3.73
51	1.5804	1.3044	1.3721	118.8	12.975	0.0012	0.0017	60.66	17.139	344.6	126.5	3.62
52	1.5900	1.3188	1.3818	117.2	13.047	0.0012	0.0016	60.31	17.299	339.8	126.0	3.51
53	1.6000	1.3338	1.3920	115.5	13.119	0.0011	0.0016	59.96	17.463	335.1	125.4	3.40
54	1.6104	1.3494	1.4027	113.9	13.194	0.0011	0.0016	59.60	17.632	330.3	124.9	3.29
55	1.6212	1.3658	1.4140	112.3	13.270	0.0011	0.0015	59.25	17.806	325.5	124.3	3.19
56	1.6326	1.3828	1.4259	110.7	13.349	0.0011	0.0015	58.89	17.986	320.7	123.8	3.08
57	1.6444	1.4007	1.4384	109.1	13.429	0.0011	0.0015	58.54	18.172	315.8	123.2	2.98
58	1.6568	1.4194	1.4517	107.6	13.512	0.0011	0.0014	58.18	18.364	310.9	122.6	2.87
59	1.6698	1.4391	1.4658	106.0	13.597	0.0011	0.0014	57.83	18.563	306.0	122.0	2.77
60	1.6834	1.4598	1.4807	104.4	13.684	0.0011	0.0014	57.47	18.769	301.0	121.4	2.68
61	1.6977	1.4816	1.4965	102.9	13.774	0.0011	0.0013	57.12	18.982	296.0	120.7	2.58
62	1.7128	1.5046	1.5134	101.3	13.867	0.0010	0.0013	56.76	19.204	290.9	120.1	2.48
63	1.7287	1.5289	1.5313	99.7	13.963	0.0010	0.0013	56.40	19.434	285.8	119.4	2.39

续表

T/℃	$c_p/$ [kJ/(kg·K)]		c_p/c_v	黏度 μ/ (μPa·s)		动力黏度 ν/ (cm²·s)		导热率/ [mW/(m·K)]		声速 c/ (m/s)		表面张力 γ/ (mN/m)
	液相	气相	气相	液相	气相	液相	气相	液相	气相	液相	气相	
64	1.7455	1.5547	1.5504	98.2	14.062	0.0010	0.0013	56.04	19.674	280.7	118.7	2.29
65	1.7633	1.5820	1.5709	96.6	14.164	0.0010	0.0012	55.68	19.924	275.5	118.0	2.20
66	1.7822	1.6111	1.5929	95.1	14.270	0.0010	0.0012	55.32	20.184	270.3	117.3	2.10
67	1.8023	1.6422	1.6164	93.6	14.380	0.0010	0.0012	54.96	20.457	265.0	116.6	2.01
68	1.8237	1.6754	1.6418	92.0	14.495	0.0010	0.0011	54.60	20.742	259.6	115.8	1.92
69	1.8465	1.7111	1.6692	90.5	14.613	0.0010	0.0011	54.24	21.041	254.2	115.1	1.82
70	1.8710	1.7495	1.6988	88.9	14.737	0.0010	0.0011	53.88	21.356	248.7	114.3	1.73
71	1.8974	1.7909	1.7310	87.4	14.866	0.0010	0.0011	53.52	21.686	243.2	113.5	1.64
72	1.9258	1.8358	1.7660	85.8	15.001	0.0009	0.0011	53.15	22.034	237.7	112.7	1.55
73	1.9565	1.8846	1.8043	84.3	15.142	0.0009	0.0010	52.79	22.402	232.0	111.8	1.47
74	1.9900	1.9379	1.8463	82.7	15.290	0.0009	0.0010	52.43	22.792	226.3	111.0	1.38
75	2.0266	1.9963	1.8926	81.2	15.445	0.0009	0.0010	52.07	23.205	220.6	110.1	1.29
76	2.0667	2.0608	1.9438	79.6	15.608	0.0009	0.0010	51.71	23.645	214.7	109.2	1.21
77	2.1110	2.1322	2.0008	78.0	15.781	0.0009	0.0010	51.35	24.115	208.8	108.3	1.12
78	2.1602	2.2119	2.0646	76.4	15.964	0.0009	0.0009	50.99	24.617	202.9	107.3	1.04
79	2.2153	2.3014	2.1365	74.8	16.158	0.0009	0.0009	50.64	25.157	196.9	106.4	0.96
80	2.2774	2.4026	2.2180	73.2	16.365	0.0009	0.0009	50.29	25.739	190.8	105.4	0.88
81	2.3480	2.5182	2.3113	71.6	16.586	0.0009	0.0009	49.95	26.369	184.6	104.4	0.80
82	2.4291	2.6513	2.4190	69.9	16.823	0.0009	0.0009	49.62	27.055	178.4	103.3	0.73
83	2.5235	2.8066	2.5448	68.2	17.079	0.0008	0.0008	49.30	27.806	172.0	102.3	0.65
84	2.6348	2.9900	2.6935	66.5	17.356	0.0008	0.0008	49.01	28.634	165.6	101.1	0.58
85	2.7681	3.2101	2.8722	64.7	17.659	0.0008	0.0008	48.73	29.555	159.1	100.0	0.51
86	2.9311	3.4793	3.0908	62.9	17.993	0.0008	0.0008	48.50	30.590	152.4	98.8	0.45
87	3.1351	3.8162	3.3644	61.1	18.363	0.0008	0.0008	48.32	31.766	145.7	97.6	0.38
88	3.3984	4.2504	3.7166	59.1	18.779	0.0008	0.0008	48.21	33.127	138.8	96.4	0.32
89	3.7520	4.8314	4.1874	57.1	19.254	0.0008	0.0007	48.22	34.734	131.7	95.1	0.26
90	4.2528	5.6495	4.8490	55.0	19.807	0.0008	0.0007	48.39	36.689	124.4	93.7	0.20

4. R513A 处于过热状态时的黏度

R513A 处于饱和状态时的黏度见附表6。R513A 处于过热状态时的黏度见附表7。

附表6　R513A 处于饱和状态时的黏度

饱和压力/kPa	50	101.325	200	300	400	500	600	800	1000	1500	2000	2500	3000
饱和温度/℃	−44.04	−29.74	−13.22	−2.27	6.16	13.11	19.07	29.06	37.32	53.56	66.11	76.46	85.25
黏度/(μPa·s)	8.538	9.236	9.981	10.466	10.832	11.128	11.379	11.793	12.141	13.161	14.282	15.684	17.741

附表7　R513A 处于过热状态时的黏度　　　　单位：μPa·s

T/℃	绝对压力/kPa												
	50	101.325	200	300	400	500	600	800	1000	1500	2000	2500	3000
−40	8.734												
−35	8.975												
−30	9.211												
−25	9.444	9.444											
−20	9.674	9.674											
−15	9.901	9.901											
−10	10.125	10.125	10.125										
−5	10.347	10.347	10.347										
0	10.565	10.565	10.565	10.565									
5	10.782	10.782	10.782	10.782									
10	10.996	10.996	10.996	10.996	10.996								
15	11.208	11.208	11.208	11.208	11.208	11.208							
20	11.418	11.418	11.418	11.418	11.418	11.418	11.418						
25	11.626	11.626	11.626	11.626	11.626	11.626	11.626						
30	11.832	11.832	11.832	11.832	11.832	11.832	11.832	11.832					
35	12.036	12.036	12.036	12.036	12.036	12.036	12.036	12.036					
40	12.239	12.239	12.239	12.239	12.239	12.239	12.239	12.239	12.254				

续表

T/℃	绝对压力/kPa												
	50	101. 325	200	300	400	500	600	800	1000	1500	2000	2500	3000
45	12. 440	12. 440	12. 440	12. 440	12. 440	12. 440	12. 440	12. 444	12. 474				
50	12. 640	12. 640	12. 640	12. 640	12. 640	12. 640	12. 640	12. 650	12. 700				
55	12. 839	12. 839	12. 839	12. 839	12. 839	12. 839	12. 842	12. 865	12. 922	13. 218			
60	13. 036	13. 036	13. 036	13. 036	13. 036	13. 038	13. 045	13. 083	13. 141	13. 421			
65	13. 231	13. 231	13. 231	13. 231	13. 233	13. 243	13. 257	13. 297	13. 356	13. 624			
70	13. 426	13. 426	13. 426	13. 429	13. 438	13. 449	13. 465	13. 507	13. 568	13. 829	14. 379		
75	13. 620	13. 620	13. 621	13. 629	13. 639	13. 653	13. 670	13. 716	13. 778	14. 032	14. 527		
80	13. 812	13. 813	13. 818	13. 827	13. 840	13. 855	13. 874	13. 922	13. 985	14. 235	14. 690	15. 626	
85	14. 004	14. 005	14. 013	14. 024	14. 038	14. 055	14. 075	14. 126	14. 191	14. 437	14. 862	15. 647	
90	14. 194	14. 197	14. 207	14. 220	14. 235	14. 254	14. 275	14. 328	14. 394	14. 638	15. 039	15. 728	17. 150
95	14. 384	14. 389	14. 400	14. 414	14. 431	14. 451	14. 473	14. 528	14. 596	14. 837	15. 220	15. 840	16. 959
100	14. 574	14. 579	14. 592	14. 607	14. 625	14. 646	14. 670	14. 727	14. 796	15. 036	15. 402	15. 971	16. 912
105	14. 763	14. 769	14. 782	14. 799	14. 819	14. 841	14. 866	14. 924	14. 994	15. 232	15. 586	16. 114	16. 938
110	14. 951	14. 957	14. 972	14. 990	15. 011	15. 034	15. 060	15. 120	15. 191	15. 428	15. 771	16. 267	17. 004
115	15. 138	15. 145	15. 161	15. 180	15. 202	15. 226	15. 253	15. 315	15. 387	15. 622	15. 956	16. 425	17. 097
120	15. 324	15. 332	15. 349	15. 370	15. 392	15. 418	15. 445	15. 508	15. 581	15. 816	16. 141	16. 588	17. 209
125	15. 510	15. 518	15. 537	15. 558	15. 582	15. 608	15. 636	15. 700	15. 774	16. 008	16. 326	16. 753	17. 333
130	15. 695	15. 704	15. 723	15. 745	15. 770	15. 797	15. 826	15. 891	15. 966	16. 199	16. 510	16. 922	17. 467
135	15. 880	15. 889	15. 909	15. 932	15. 958	15. 985	16. 015	16. 081	16. 157	16. 389	16. 695	17. 092	17. 608
140	16. 064	16. 073	16. 094	16. 118	16. 144	16. 173	16. 203	16. 270	16. 346	16. 578	16. 878	17. 263	17. 755
145	16. 247	16. 257	16. 279	16. 304	16. 330	16. 359	16. 390	16. 459	16. 535	16. 766	17. 062	17. 435	17. 906
150	16. 430	16. 440	16. 463	16. 488	16. 516	16. 545	16. 577	16. 646	16. 723	16. 954	17. 245	17. 608	18. 060
155	16. 612	16. 623	16. 646	16. 672	16. 701	16. 731	16. 763	16. 833	16. 910	17. 140	17. 428	17. 782	18. 217
160	16. 794	16. 805	16. 829	16. 856	16. 885	16. 915	16. 948	17. 018	17. 097	17. 326	17. 610	17. 956	18. 377
165	16. 975	16. 987	17. 012	17. 039	17. 068	17. 099	17. 132	17. 204	17. 282	17. 511	17. 791	18. 130	18. 538
170	17. 156	17. 168	17. 194	17. 221	17. 251	17. 283	17. 316	17. 388	17. 467	17. 695	17. 972	18. 305	18. 701

| T/℃ | 绝对压力/kPa | | | | | | | | | | | | |
---	50	101.325	200	300	400	500	600	800	1000	1500	2000	2500	3000
175	17.337	17.349	17.375	17.403	17.434	17.466	17.499	17.572	17.651	17.879	18.153	18.479	18.864
180	17.517	17.530	17.556	17.585	17.616	17.648	17.682	17.755	17.835	18.062	18.333	18.654	19.029
185	17.697	17.710	17.737	17.766	17.797	17.830	17.864	17.938	18.018	18.245	18.513	18.828	19.195
190	17.877	17.890	17.917	17.947	17.978	18.011	18.046	18.120	18.200	18.426	18.693	19.003	19.361
195	18.056	18.069	18.097	18.127	18.159	18.192	18.227	18.302	18.382	18.608	18.872	19.177	19.528
200	18.235	18.248	18.277	18.307	18.339	18.373	18.408	18.483	18.563	18.789	19.051	19.352	19.696
205	18.414	18.427	18.456	18.487	18.519	18.553	18.589	18.664	18.744	18.969	19.229	19.526	19.863
210	18.592	18.606	18.635	18.666	18.699	18.733	18.769	18.844	18.925	19.149	19.407	19.700	20.031
215	18.770	18.784	18.814	18.845	18.878	18.913	18.949	19.024	19.105	19.329	19.585	19.874	20.200
220	18.948	18.962	18.992	19.024	19.057	19.092	19.128	19.204	19.285	19.508	19.762	20.048	20.369
225	19.126	19.140	19.170	19.202	19.236	19.271	19.307	19.383	19.464	19.687	19.939	20.222	20.537
230	19.303	19.318	19.348	19.380	19.414	19.449	19.486	19.562	19.643	19.865	20.116	20.396	20.706
235	19.480	19.495	19.526	19.558	19.592	19.628	19.664	19.741	19.822	20.043	20.292	20.569	20.876
240	19.657	19.672	19.703	19.736	19.770	19.806	19.842	19.919	20.000	20.221	20.468	20.743	21.045
245	19.834	19.849	19.880	19.913	19.948	19.983	20.020	20.097	20.178	20.399	20.644	20.916	21.214
250	20.011	20.026	20.057	20.091	20.125	20.161	20.198	20.275	20.356	20.576	20.820	21.089	21.384
255	20.188	20.203	20.234	20.268	20.302	20.338	20.375	20.452	20.534	20.753	20.996	21.262	21.553
260	20.364	20.380	20.411	20.445	20.479	20.516	20.553	20.630	20.711	20.930	21.171	21.435	21.723
265	20.540	20.556	20.588	20.621	20.656	20.692	20.730	20.807	20.888	21.106	21.346	21.608	21.893
270	20.716	20.732	20.764	20.798	20.833	20.869	20.906	20.984	21.065	21.282	21.521	21.781	22.062
275	20.893	20.908	20.940	20.974	21.010	21.046	21.083	21.161	21.241	21.459	21.696	21.954	22.232
280	21.068	21.084	21.116	21.151	21.186	21.222	21.260	21.337	21.418	21.634	21.871	22.127	22.402
285	21.244	21.260	21.292	21.327	21.362	21.399	21.436	21.513	21.594	21.810	22.045	22.299	22.572
290	21.420	21.436	21.468	21.503	21.538	21.575	21.612	21.690	21.770	21.986	22.220	22.472	22.742
295	21.595	21.612	21.644	21.679	21.714	21.751	21.788	21.866	21.946	22.161	22.394	22.644	22.912

5. R513A 处于过热状态时的比热容

R513A 处于饱和状态时的比热容见附表 8，R513A 处于过热状态时的比热容见附表 9。

附表 8 **R513A 处于饱和状态时的比热容**

饱和压力/kPa	50	101.325	200	300	400	500	600	800	1000	1500	2000	2500	3000
饱和温度/℃	-44.04	-29.74	-13.22	-2.27	6.16	13.11	19.07	29.06	37.32	53.56	66.11	76.46	85.25
比热容/[kJ/(kg·K)]	0.7553	0.8035	0.8643	0.9106	0.9500	0.9857	1.0194	1.0847	1.1511	1.3424	1.6144	2.0917	3.2729

附表 9 **R513A 处于过热状态时的比热容** c_p 单位：kJ/(kg·K)

T/℃	绝对压力/kPa												
	50	101.325	200	300	400	500	600	800	1000	1500	2000	2500	3000
-40	0.7607												
-35	0.7682												
-30	0.7761												
-25	0.7845	0.8074											
-20	0.7930	0.8129											
-15	0.8017	0.8193											
-10	0.8105	0.8262	0.8646										
-5	0.8194	0.8335	0.8666										
0	0.8283	0.8411	0.8702	0.9091									
5	0.8372	0.8489	0.8748	0.9079									
10	0.8461	0.8568	0.8801	0.9088	0.9453								
15	0.8550	0.8649	0.8860	0.9113	0.9423	0.9818							
20	0.8639	0.8730	0.8922	0.9148	0.9417	0.9748	1.0167						
25	0.8727	0.8811	0.8987	0.9191	0.9428	0.9711	1.0058						
30	0.8816	0.8893	0.9055	0.9240	0.9451	0.9698	0.9992	1.0804					
35	0.8904	0.8976	0.9125	0.9293	0.9483	0.9701	0.9955	1.0625					

续表

T/℃	绝对压力/kPa												
	50	101.325	200	300	400	500	600	800	1000	1500	2000	2500	3000
40	0.8991	0.9058	0.9196	0.9350	0.9522	0.9717	0.9940	1.0506	1.1343				
45	0.9078	0.9140	0.9268	0.9410	0.9567	0.9742	0.9939	1.0427	1.1109				
50	0.9164	0.9223	0.9341	0.9472	0.9616	0.9774	0.9951	1.0377	1.0946				
55	0.9250	0.9305	0.9415	0.9536	0.9668	0.9813	0.9972	1.0348	1.0834	1.3193			
60	0.9336	0.9387	0.9490	0.9602	0.9724	0.9856	1.0000	1.0336	1.0757	1.2591			
65	0.9421	0.9468	0.9565	0.9669	0.9782	0.9903	1.0035	1.0337	1.0706	1.2191			
70	0.9505	0.9550	0.9640	0.9737	0.9841	0.9953	1.0074	1.0348	1.0676	1.1913	1.4857		
75	0.9588	0.9631	0.9715	0.9806	0.9903	1.0007	1.0118	1.0367	1.0661	1.1715	1.3865		
80	0.9671	0.9711	0.9791	0.9876	0.9966	1.0062	1.0165	1.0393	1.0658	1.1572	1.3242	1.7869	
85	0.9754	0.9791	0.9866	0.9946	1.0030	1.0120	1.0215	1.0424	1.0665	1.1468	1.2819	1.5791	
90	0.9836	0.9871	0.9941	1.0016	1.0095	1.0179	1.0267	1.0461	1.0680	1.1394	1.2519	1.4657	2.1079
95	0.9917	0.9950	1.0016	1.0087	1.0161	1.0239	1.0322	1.0501	1.0702	1.1341	1.2300	1.3942	1.7621
100	0.9997	1.0029	1.0091	1.0158	1.0228	1.0301	1.0378	1.0544	1.0730	1.1307	1.2136	1.3454	1.5945
105	1.0077	1.0107	1.0166	1.0229	1.0295	1.0363	1.0435	1.0590	1.0762	1.1286	1.2014	1.3104	1.4944
110	1.0156	1.0185	1.0241	1.0300	1.0362	1.0426	1.0494	1.0639	1.0798	1.1277	1.1922	1.2844	1.4281
115	1.0235	1.0262	1.0315	1.0371	1.0429	1.0490	1.0554	1.0689	1.0837	1.1277	1.1854	1.2648	1.3812
120	1.0313	1.0338	1.0389	1.0442	1.0497	1.0555	1.0614	1.0741	1.0879	1.1284	1.1805	1.2498	1.3467
125	1.0390	1.0414	1.0462	1.0513	1.0565	1.0619	1.0675	1.0795	1.0924	1.1299	1.1771	1.2383	1.3207
130	1.0466	1.0489	1.0535	1.0583	1.0633	1.0684	1.0737	1.0850	1.0971	1.1319	1.1749	1.2295	1.3007
135	1.0542	1.0564	1.0608	1.0653	1.0700	1.0749	1.0799	1.0905	1.1019	1.1343	1.1738	1.2229	1.2852
140	1.0617	1.0638	1.0680	1.0723	1.0768	1.0814	1.0862	1.0962	1.1069	1.1372	1.1735	1.2179	1.2731
145	1.0692	1.0712	1.0752	1.0793	1.0836	1.0880	1.0925	1.1020	1.1120	1.1404	1.1740	1.2144	1.2637
150	1.0766	1.0785	1.0823	1.0862	1.0903	1.0945	1.0988	1.1078	1.1173	1.1439	1.1751	1.2121	1.2564
155	1.0839	1.0857	1.0894	1.0931	1.0970	1.1010	1.1051	1.1136	1.1226	1.1476	1.1766	1.2107	1.2508
160	1.0912	1.0929	1.0964	1.0000	1.1037	1.1075	1.1114	1.1195	1.1280	1.1516	1.1787	1.2101	1.2467
165	1.0983	1.1000	1.1034	1.1068	1.1104	1.1140	1.1177	1.1254	1.1335	1.1557	1.1811	1.2102	1.2438

续表

T/℃	绝对压力/kPa												
	50	101.325	200	300	400	500	600	800	1000	1500	2000	2500	3000
170	1.1055	1.1071	1.1103	1.1136	1.1170	1.1204	1.1240	1.1313	1.1391	1.1601	1.1839	1.2109	1.2418
175	1.1125	1.1141	1.1172	1.1203	1.1236	1.1269	1.1303	1.1373	1.1446	1.1645	1.1869	1.2122	1.2407
180	1.1196	1.1211	1.1240	1.1270	1.1301	1.1333	1.1366	1.1432	1.1502	1.1691	1.1902	1.2139	1.2403
185	1.1265	1.1279	1.1308	1.1337	1.1367	1.1397	1.1428	1.1492	1.1559	1.1738	1.1937	1.2159	1.2406
190	1.1334	1.1348	1.1375	1.1403	1.1432	1.1461	1.1490	1.1552	1.1615	1.1786	1.1975	1.2183	1.2413
195	1.1402	1.1415	1.1442	1.1469	1.1496	1.1524	1.1553	1.1611	1.1672	1.1835	1.2013	1.2210	1.2425
200	1.1470	1.1483	1.1508	1.1534	1.1560	1.1587	1.1614	1.1671	1.1729	1.1884	1.2054	1.2239	1.2441
205	1.1537	1.1549	1.1573	1.1598	1.1624	1.1650	1.1676	1.1730	1.1786	1.1934	1.2095	1.2271	1.2461
210	1.1603	1.1615	1.1638	1.1663	1.1687	1.1712	1.1737	1.1789	1.1843	1.1985	1.2138	1.2304	1.2483
215	1.1669	1.1680	1.1703	1.1726	1.1750	1.1774	1.1798	1.1848	1.1900	1.2035	1.2182	1.2339	1.2509
220	1.1734	1.1745	1.1767	1.1790	1.1812	1.1836	1.1859	1.1907	1.1956	1.2086	1.2226	1.2376	1.2536
225	1.1799	1.1810	1.1831	1.1852	1.1874	1.1897	1.1919	1.1966	1.2013	1.2138	1.2271	1.2414	1.2566
230	1.1863	1.1873	1.1894	1.1915	1.1936	1.1958	1.1979	1.2024	1.2070	1.2189	1.2317	1.2453	1.2598
235	1.1927	1.1937	1.1956	1.1977	1.1997	1.2018	1.2039	1.2082	1.2126	1.2241	1.2363	1.2493	1.2631
240	1.1990	1.1999	1.2019	1.2038	1.2058	1.2078	1.2098	1.2140	1.2182	1.2293	1.2410	1.2534	1.2665
245	1.2052	1.2062	1.2080	1.2099	1.2118	1.2138	1.2157	1.2197	1.2238	1.2345	1.2457	1.2576	1.2701
250	1.2114	1.2123	1.2141	1.2160	1.2178	1.2197	1.2216	1.2255	1.2294	1.2397	1.2505	1.2619	1.2738
255	1.2176	1.2184	1.2202	1.2220	1.2238	1.2256	1.2274	1.2312	1.2350	1.2449	1.2553	1.2662	1.2776
260	1.2236	1.2245	1.2262	1.2279	1.2297	1.2314	1.2332	1.2368	1.2405	1.2501	1.2601	1.2705	1.2815
265	1.2297	1.2305	1.2322	1.2338	1.2355	1.2372	1.2390	1.2425	1.2460	1.2553	1.2649	1.2749	1.2854
270	1.2357	1.2365	1.2381	1.2397	1.2414	1.2430	1.2447	1.2481	1.2515	1.2604	1.2697	1.2794	1.2894
275	1.2416	1.2424	1.2440	1.2455	1.2471	1.2487	1.2504	1.2536	1.2570	1.2656	1.2746	1.2839	1.2935
280	1.2475	1.2483	1.2498	1.2513	1.2529	1.2544	1.2560	1.2592	1.2624	1.2708	1.2794	1.2884	1.2977
285	1.2534	1.2541	1.2556	1.2571	1.2586	1.2601	1.2616	1.2647	1.2678	1.2759	1.2843	1.2929	1.3018
290	1.2592	1.2599	1.2613	1.2628	1.2642	1.2657	1.2672	1.2702	1.2732	1.2810	1.2891	1.2975	1.3061
295	1.2649	1.2656	1.2670	1.2684	1.2698	1.2713	1.2727	1.2756	1.2786	1.2861	1.2940	1.3020	1.3103

6. R513A 处于过热状态时的比热容比值

R513A 处于饱和状态时的比热容比值见附表 10。R513A 处于过热状态时的比热容比值见附表 11。

附表 10 R513A 处于饱和状态时的比热容比值（C_p/C_v）

饱和压力/kPa	50	101.325	200	300	400	500	600	800	1000	1500	2000	2500	3000
饱和温度/℃	−44.04	−29.74	−13.22	−2.27	6.16	13.11	19.07	29.06	37.32	53.56	66.11	76.46	85.25
C_p/C_v	1.1354	1.1408	1.1528	1.1655	1.1786	1.1924	1.2070	1.2391	1.2758	1.3979	1.5954	1.9684	2.9232

附表 11 R513A 处于过热状态时的比热容比值（C_p/C_v）

T/℃	绝对压力/kPa												
	50	101.325	200	300	400	500	600	800	1000	1500	2000	2500	3000
−40	1.1323												
−35	1.1287												
−30	1.1255												
−25	1.1225	1.1364											
−20	1.1198	1.1321											
−15	1.1173	1.1283											
−10	1.1150	1.1248	1.1484										
−5	1.1128	1.1217	1.1424										
0	1.1107	1.1188	1.1372	1.1614									
5	1.1088	1.1161	1.1326	1.1537									
10	1.1070	1.1137	1.1285	1.1470	1.1705								
15	1.1052	1.1114	1.1248	1.1413	1.1616	1.1874							
20	1.1036	1.1093	1.1215	1.1362	1.1540	1.1760	1.2040						
25	1.1020	1.1073	1.1185	1.1317	1.1474	1.1664	1.1899						
30	1.1005	1.1054	1.1157	1.1276	1.1417	1.1583	1.1783	1.2348					
35	1.0991	1.1036	1.1131	1.1240	1.1366	1.1512	1.1686	1.2155					
40	1.0978	1.1019	1.1107	1.1206	1.1320	1.1451	1.1603	1.2000	1.2600				

续表

T/℃	绝对压力/kPa												
	50	101.325	200	300	400	500	600	800	1000	1500	2000	2500	3000
45	1.0965	1.1004	1.1084	1.1176	1.1279	1.1397	1.1531	1.1872	1.2361				
50	1.0953	1.0989	1.1064	1.1148	1.1242	1.1348	1.1468	1.1765	1.2174				
55	1.0941	1.0974	1.1044	1.1122	1.1208	1.1304	1.1413	1.1674	1.2021	1.3784			
60	1.0929	1.0961	1.1026	1.1098	1.1177	1.1265	1.1363	1.1595	1.1895	1.3262			
65	1.0918	1.0948	1.1009	1.1075	1.1149	1.1229	1.1318	1.1526	1.1789	1.2892			
70	1.0908	1.0936	1.0992	1.1055	1.1122	1.1196	1.1277	1.1465	1.1697	1.2613	1.4901		
75	1.0898	1.0924	1.0977	1.1035	1.1098	1.1166	1.1241	1.1411	1.1617	1.2394	1.4061		
80	1.0888	1.0913	1.0962	1.1017	1.1075	1.1138	1.1207	1.1362	1.1547	1.2217	1.3506	1.7210	
85	1.0879	1.0902	1.0949	1.0999	1.1054	1.1113	1.1176	1.1318	1.1485	1.2070	1.3106	1.5481	
90	1.0869	1.0891	1.0935	1.0983	1.1034	1.1089	1.1147	1.1278	1.1430	1.1945	1.2803	1.4502	1.9748
95	1.0861	1.0881	1.0923	1.0968	1.1016	1.1066	1.1121	1.1241	1.1380	1.1839	1.2563	1.3859	1.6859
100	1.0852	1.0872	1.0911	1.0953	1.0998	1.1046	1.1096	1.1208	1.1335	1.1746	1.2367	1.3398	1.5417
105	1.0844	1.0862	1.0900	1.0939	1.0982	1.1026	1.1073	1.1177	1.1294	1.1665	1.2205	1.3050	1.4528
110	1.0836	1.0853	1.0889	1.0926	1.0966	1.1008	1.1052	1.1148	1.1256	1.1593	1.2068	1.2776	1.3918
115	1.0828	1.0845	1.0878	1.0914	1.0951	1.0991	1.1032	1.1122	1.1222	1.1529	1.1951	1.2554	1.3470
120	1.0821	1.0837	1.0868	1.0902	1.0937	1.0974	1.1013	1.1097	1.1190	1.1472	1.1849	1.2371	1.3125
125	1.0813	1.0828	1.0859	1.0891	1.0924	1.0959	1.0996	1.1074	1.1161	1.1420	1.1760	1.2216	1.2851
130	1.0806	1.0821	1.0849	1.0880	1.0911	1.0944	1.0979	1.1053	1.1134	1.1373	1.1681	1.2084	1.2627
135	1.0799	1.0813	1.0841	1.0869	1.0899	1.0931	1.0963	1.1033	1.1109	1.1330	1.1610	1.1970	1.2440
140	1.0793	1.0806	1.0832	1.0859	1.0888	1.0918	1.0948	1.1014	1.1085	1.1291	1.1547	1.1870	1.2283
145	1.0786	1.0799	1.0824	1.0850	1.0877	1.0905	1.0934	1.0996	1.1063	1.1255	1.1490	1.1782	1.2147
150	1.0780	1.0792	1.0816	1.0841	1.0866	1.0893	1.0921	1.0979	1.1042	1.1222	1.1439	1.1704	1.2030
155	1.0774	1.0785	1.0808	1.0832	1.0856	1.0882	1.0908	1.0964	1.1023	1.1191	1.1392	1.1634	1.1927
160	1.0768	1.0779	1.0801	1.0823	1.0847	1.0871	1.0896	1.0949	1.1005	1.1162	1.1349	1.1571	1.1836
165	1.0762	1.0773	1.0793	1.0815	1.0838	1.0861	1.0884	1.0934	1.0987	1.1136	1.1309	1.1514	1.1755
170	1.0756	1.0766	1.0786	1.0807	1.0829	1.0851	1.0873	1.0921	1.0971	1.1111	1.1273	1.1462	1.1682

T/℃	绝对压力/kPa												
	50	101.325	200	300	400	500	600	800	1000	1500	2000	2500	3000
175	1.0751	1.0760	1.0780	1.0800	1.0820	1.0841	1.0863	1.0908	1.0956	1.1088	1.1239	1.1415	1.1617
180	1.0745	1.0755	1.0773	1.0792	1.0812	1.0832	1.0853	1.0896	1.0941	1.1066	1.1208	1.1371	1.1557
185	1.0740	1.0749	1.0767	1.0785	1.0804	1.0823	1.0843	1.0884	1.0927	1.1045	1.1179	1.1331	1.1504
190	1.0735	1.0744	1.0761	1.0778	1.0796	1.0815	1.0834	1.0873	1.0914	1.1026	1.1152	1.1294	1.1454
195	1.0730	1.0738	1.0755	1.0772	1.0789	1.0807	1.0825	1.0862	1.0902	1.1008	1.1127	1.1260	1.1409
200	1.0725	1.0733	1.0749	1.0765	1.0782	1.0799	1.0816	1.0852	1.0890	1.0991	1.1103	1.1228	1.1367
205	1.0720	1.0728	1.0743	1.0759	1.0775	1.0791	1.0808	1.0842	1.0878	1.0974	1.1081	1.1199	1.1329
210	1.0716	1.0723	1.0738	1.0753	1.0768	1.0784	1.0800	1.0833	1.0867	1.0959	1.1060	1.1171	1.1293
215	1.0711	1.0718	1.0732	1.0747	1.0762	1.0777	1.0792	1.0824	1.0857	1.0944	1.1040	1.1145	1.1260
220	1.0707	1.0714	1.0727	1.0741	1.0755	1.0770	1.0785	1.0815	1.0847	1.0930	1.1022	1.1121	1.1229
225	1.0702	1.0709	1.0722	1.0736	1.0749	1.0763	1.0778	1.0807	1.0837	1.0917	1.1004	1.1098	1.1200
230	1.0698	1.0704	1.0717	1.0730	1.0743	1.0757	1.0771	1.0799	1.0828	1.0904	1.0987	1.1077	1.1173
235	1.0694	1.0700	1.0712	1.0725	1.0738	1.0751	1.0764	1.0791	1.0819	1.0892	1.0971	1.1057	1.1148
240	1.0690	1.0696	1.0708	1.0720	1.0732	1.0745	1.0757	1.0783	1.0810	1.0881	1.0956	1.1037	1.1124
245	1.0686	1.0692	1.0703	1.0715	1.0727	1.0739	1.0751	1.0776	1.0802	1.0870	1.0942	1.1019	1.1101
250	1.0682	1.0688	1.0699	1.0710	1.0721	1.0733	1.0745	1.0769	1.0794	1.0859	1.0928	1.1002	1.1080
255	1.0678	1.0684	1.0694	1.0705	1.0716	1.0728	1.0739	1.0762	1.0786	1.0849	1.0915	1.0986	1.1060
260	1.0674	1.0680	1.0690	1.0701	1.0711	1.0722	1.0733	1.0756	1.0779	1.0839	1.0903	1.0970	1.1041
265	1.0671	1.0676	1.0686	1.0696	1.0707	1.0717	1.0728	1.0750	1.0772	1.0830	1.0891	1.0956	1.1023
270	1.0667	1.0672	1.0682	1.0692	1.0702	1.0712	1.0722	1.0743	1.0765	1.0821	1.0880	1.0941	1.1006
275	1.0663	1.0668	1.0678	1.0687	1.0697	1.0707	1.0717	1.0737	1.0758	1.0812	1.0869	1.0928	1.0990
280	1.0660	1.0665	1.0674	1.0683	1.0693	1.0702	1.0712	1.0732	1.0752	1.0804	1.0858	1.0915	1.0975
285	1.0657	1.0661	1.0670	1.0679	1.0688	1.0698	1.0707	1.0726	1.0746	1.0796	1.0848	1.0903	1.0960
290	1.0653	1.0658	1.0666	1.0675	1.0684	1.0693	1.0702	1.0721	1.0739	1.0788	1.0838	1.0891	1.0946
295	1.0650	1.0654	1.0663	1.0671	1.0680	1.0689	1.0697	1.0715	1.0734	1.0780	1.0829	1.0880	1.0932

7. R513A 处于过热状态时的导热率

R513A 处于饱和状态时的导热率见附表 12。R513A 处于过热状态时的导热率见附表 13。

附表 12　R513A 处于饱和状态时的导热率

饱和压力/kPa	50	101.325	200	300	400	500	600	800	1000	1500	2000	2500	3000
饱和温度/℃	-44.04	-29.74	-13.22	-2.27	6.16	13.11	19.07	29.06	37.32	53.56	66.11	76.46	85.25
导热率/[mW/(m·K)]	8.036	9.235	10.594	11.530	12.270	12.899	13.456	14.443	15.337	17.556	20.214	23.851	29.805

附表 13　R513A 处于过热状态时的导热率　　单位：mW/(m·K)

T/℃	绝对压力/kPa												
	50	101.325	200	300	400	500	600	800	1000	1500	2000	2500	3000
-40	8.363												
-35	8.768												
-30	9.174												
-25	9.579	9.597											
-20	9.985	10.001											
-15	10.391	10.406											
-10	10.798	10.812	10.852										
-5	11.204	11.218	11.255										
0	11.611	11.624	11.658	11.711									
5	12.018	12.030	12.062	12.110									
10	12.425	12.437	12.467	12.510	12.572								
15	12.832	12.844	12.872	12.912	12.967	13.044							
20	13.240	13.251	13.278	13.315	13.365	13.432	13.526						
25	13.648	13.658	13.684	13.719	13.764	13.824	13.905						
30	14.056	14.066	14.091	14.123	14.165	14.219	14.290	14.509					
35	14.464	14.474	14.497	14.528	14.566	14.616	14.679	14.866					

续表

T/℃	绝对压力/kPa												
	50	101.325	200	300	400	500	600	800	1000	1500	2000	2500	3000
40	14.872	14.882	14.904	14.933	14.969	15.014	15.071	15.234	15.506				
45	15.280	15.290	15.312	15.339	15.373	15.415	15.466	15.610	15.838				
50	15.689	15.698	15.720	15.746	15.777	15.816	15.863	15.992	16.186				
55	16.098	16.107	16.127	16.152	16.182	16.219	16.262	16.378	16.552	17.595			
60	16.507	16.516	16.536	16.560	16.588	16.622	16.662	16.772	16.936	17.792			
65	16.916	16.925	16.944	16.967	16.994	17.028	17.069	17.176	17.327	18.056			
70	17.326	17.334	17.354	17.378	17.406	17.440	17.480	17.583	17.725	18.362	20.009		
75	17.736	17.745	17.766	17.791	17.820	17.854	17.894	17.993	18.127	18.696	19.990		
80	18.147	18.157	18.178	18.204	18.234	18.269	18.308	18.406	18.533	19.050	20.116	22.884	
85	18.557	18.568	18.591	18.618	18.649	18.684	18.724	18.820	18.943	19.419	20.326	22.318	
90	18.969	18.980	19.005	19.033	19.065	19.101	19.141	19.236	19.356	19.799	20.591	22.144	26.063
95	19.380	19.392	19.419	19.448	19.481	19.518	19.559	19.654	19.770	20.187	20.893	22.164	24.801
100	19.791	19.805	19.833	19.864	19.898	19.936	19.977	20.072	20.187	20.583	21.222	22.297	24.277
105	20.203	20.218	20.247	20.280	20.316	20.354	20.396	20.492	20.605	20.985	21.570	22.503	24.082
110	20.615	20.631	20.662	20.696	20.733	20.773	20.816	20.912	21.024	21.390	21.933	22.759	24.069
115	21.027	21.044	21.077	21.112	21.151	21.192	21.236	21.333	21.444	21.800	22.308	23.051	24.170
120	21.440	21.457	21.492	21.529	21.569	21.611	21.656	21.754	21.865	22.212	22.693	23.370	24.347
125	21.852	21.870	21.907	21.946	21.987	22.030	22.076	22.176	22.287	22.627	23.085	23.709	24.578
130	22.265	22.284	22.322	22.363	22.405	22.450	22.497	22.598	22.709	23.044	23.482	24.064	24.848
135	22.677	22.698	22.737	22.780	22.824	22.869	22.917	23.020	23.132	23.463	23.885	24.431	25.147
140	23.090	23.111	23.153	23.197	23.242	23.289	23.338	23.442	23.555	23.883	24.292	24.809	25.469
145	23.504	23.525	23.569	23.614	23.661	23.709	23.759	23.865	23.979	24.304	24.702	25.195	25.810
150	23.917	23.940	23.984	24.031	24.079	24.129	24.180	24.288	24.403	24.727	25.116	25.587	26.165
155	24.330	24.354	24.400	24.449	24.498	24.549	24.601	24.711	24.827	25.150	25.531	25.986	26.531
160	24.744	24.768	24.816	24.866	24.917	24.969	25.023	25.134	25.251	25.574	25.949	26.388	26.908
165	25.158	25.183	25.233	25.284	25.336	25.390	25.444	25.557	25.676	25.999	26.369	26.795	27.292

续表

T/℃	绝对压力/kPa												
	50	101.325	200	300	400	500	600	800	1000	1500	2000	2500	3000
170	25.572	25.598	25.649	25.701	25.755	25.810	25.866	25.981	26.100	26.424	26.790	27.206	27.683
175	25.986	26.013	26.065	26.119	26.174	26.230	26.287	26.404	26.525	26.850	27.212	27.619	28.079
180	26.400	26.428	26.482	26.537	26.594	26.651	26.709	26.827	26.950	27.277	27.636	28.034	28.480
185	26.814	26.843	26.898	26.955	27.013	27.071	27.130	27.251	27.375	27.703	28.060	28.452	28.886
190	27.229	27.258	27.315	27.373	27.432	27.492	27.552	27.675	27.800	28.130	28.486	28.872	29.294
195	27.644	27.674	27.732	27.792	27.852	27.912	27.974	28.098	28.225	28.557	28.912	29.293	29.706
200	28.059	28.090	28.149	28.210	28.271	28.333	28.396	28.522	28.651	28.985	29.338	29.716	30.121
205	28.474	28.505	28.566	28.628	28.691	28.754	28.817	28.946	29.076	29.412	29.766	30.139	30.537
210	28.889	28.921	28.984	29.047	29.111	29.175	29.239	29.370	29.501	29.840	30.193	30.564	30.956
215	29.304	29.337	29.401	29.466	29.531	29.596	29.661	29.793	29.927	30.268	30.622	30.990	31.377
220	29.720	29.754	29.819	29.884	29.951	30.017	30.083	30.217	30.352	30.696	31.050	31.417	31.799
225	30.136	30.170	30.236	30.303	30.371	30.438	30.506	30.641	30.778	31.124	31.479	31.844	32.222
230	30.552	30.587	30.654	30.722	30.791	30.859	30.928	31.065	31.204	31.553	31.908	32.272	32.646
235	30.968	31.003	31.072	31.141	31.211	31.280	31.350	31.489	31.629	31.981	32.338	32.701	33.072
240	31.384	31.420	31.490	31.561	31.631	31.702	31.772	31.914	32.055	32.410	32.767	33.130	33.498
245	31.801	31.837	31.908	31.980	32.052	32.123	32.195	32.338	32.481	32.838	33.197	33.559	33.925
250	32.217	32.255	32.327	32.399	32.472	32.545	32.617	32.762	32.906	33.267	33.627	33.989	34.353
255	32.634	32.672	32.745	32.819	32.893	32.966	33.040	33.186	33.332	33.695	34.057	34.419	34.782
260	33.051	33.090	33.164	33.239	33.313	33.388	33.462	33.611	33.758	34.124	34.487	34.849	35.210
265	33.468	33.507	33.583	33.659	33.734	33.810	33.885	34.035	34.184	34.553	34.918	35.279	35.639
270	33.885	33.925	34.001	34.078	34.155	34.232	34.308	34.459	34.610	34.981	35.348	35.710	36.068
275	34.303	34.343	34.420	34.499	34.576	34.654	34.731	34.884	35.036	35.410	35.778	36.140	36.497
280	34.720	34.761	34.840	34.919	34.997	35.076	35.153	35.308	35.461	35.838	36.207	36.568	36.924
285	35.138	35.180	35.259	35.339	35.418	35.498	35.576	35.732	35.886	36.265	36.634	36.994	37.347
290	35.556	35.598	35.678	35.759	35.840	35.920	36.000	36.157	36.313	36.695	37.067	37.429	37.783
295	35.974	36.017	36.098	36.180	36.262	36.342	36.423	36.582	36.740	37.125	37.500	37.865	38.220

8. R513A 处于过热状态时的声速

R513A 处于饱和状态时的声速见附表 14。R513A 处于过热状态时的声速见附表 15。

附表 14　R513A 处于饱和状态时的声速

饱和压力/kPa	50	101.325	200	300	400	500	600	800	1000	1500	2000	2500	3000
饱和温度/℃	−44.04	−29.74	−13.22	−2.27	6.16	13.11	19.07	29.06	37.32	53.56	66.11	76.46	85.25
声速/(m/s)	137.26	139.23	140.22	140.06	139.42	138.53	137.47	135.07	132.41	125.13	117.23	108.79	99.72

附表 15　R513A 处于过热状态时的声速　　　　单位：m/s

T/℃	绝对压力/kPa												
	50	101.325	200	300	400	500	600	800	1000	1500	2000	2500	3000
−40	138.56												
−35	140.12												
−30	141.66												
−25	143.17	140.74											
−20	144.65	142.38											
−15	146.11	143.98											
−10	147.55	145.55	140.22										
−5	148.97	147.08	141.42										
0	150.37	148.59	143.23	140.99									
5	151.75	150.07	144.97	142.96									
10	153.11	151.52	146.67	144.85	141.11								
15	154.45	152.95	148.32	146.68	143.20	139.43							
20	155.78	154.35	149.93	148.45	145.20	141.72	137.95						
25	157.10	155.74	151.50	150.17	147.13	143.90	140.43						
30	158.40	157.11	153.04	151.84	148.99	145.98	142.77	135.62					
35	159.69	158.46	154.55	153.47	150.78	147.97	144.99	138.45					

续表

T/℃	绝对压力/kPa												
---	50	101.325	200	300	400	500	600	800	1000	1500	2000	2500	3000
40	160.96	159.79	156.03	155.06	152.53	149.88	147.11	141.08	134.19				
45	162.22	161.11	157.49	156.61	154.22	151.74	149.14	143.55	137.29				
50	163.47	162.41	158.91	158.13	155.87	153.53	151.09	145.89	140.14				
55	164.71	163.70	160.32	159.63	157.48	155.27	152.98	148.12	142.81	126.45			
60	165.94	164.97	161.71	161.09	159.06	156.96	154.80	150.24	145.32	130.64			
65	167.16	166.23	163.07	162.53	160.60	158.61	156.57	152.29	147.70	134.37			
70	168.36	167.47	164.41	163.95	162.11	160.22	158.29	154.26	149.97	137.76	121.85		
75	169.56	168.71	165.74	165.34	163.59	161.80	159.96	156.16	152.14	140.88	126.89		
80	170.74	169.93	167.05	166.71	165.04	163.34	161.60	158.00	154.22	143.79	131.27	114.58	
85	171.92	171.14	168.35	168.06	166.47	164.85	163.19	159.78	156.23	146.51	135.18	121.04	
90	173.09	172.34	169.62	169.39	167.87	166.33	164.75	161.52	158.16	149.09	138.74	126.38	110.07
95	174.25	173.53	170.89	170.71	169.25	167.78	166.28	163.21	160.03	151.53	142.01	131.01	117.57
100	175.40	174.71	172.14	172.00	170.61	169.21	167.78	164.86	161.85	153.86	145.06	135.13	123.58
105	176.54	175.88	173.37	173.28	171.96	170.61	169.25	166.47	163.62	156.10	147.91	138.87	128.69
110	177.68	177.04	174.60	174.55	173.28	171.99	170.69	168.05	165.33	158.24	150.61	142.32	133.20
115	178.80	178.19	175.81	175.80	174.58	173.35	172.11	169.59	167.01	160.30	153.17	145.51	137.26
120	179.92	179.33	177.01	177.04	175.87	174.69	173.51	171.10	168.64	162.30	155.60	148.51	140.97
125	181.03	180.47	178.20	178.26	177.14	176.02	174.88	172.58	170.24	164.22	157.93	151.33	144.40
130	182.13	181.59	179.38	179.48	178.40	177.32	176.23	174.03	171.81	166.09	160.17	154.00	147.60
135	183.23	182.71	180.54	180.67	179.64	178.61	177.56	175.46	173.34	167.91	162.31	156.54	150.61
140	184.32	183.82	181.70	181.86	180.87	179.88	178.88	176.87	174.84	169.68	164.39	158.97	153.44
145	185.40	184.92	182.85	183.04	182.09	181.13	180.18	178.25	176.31	171.40	166.39	161.30	156.14
150	186.47	186.01	183.98	184.20	183.29	182.37	181.46	179.61	177.76	173.08	168.33	163.53	158.70
155	187.54	187.09	185.11	185.36	184.48	183.60	182.72	180.95	179.18	174.72	170.22	165.69	161.15
160	188.60	188.17	186.23	186.50	185.66	184.81	183.97	182.28	180.58	176.32	172.05	167.77	163.50
165	189.66	189.24	187.34	187.64	186.83	186.02	185.20	183.58	181.96	177.89	173.83	169.78	165.76

T/℃	绝对压力/kPa												
	50	101.325	200	300	400	500	600	800	1000	1500	2000	2500	3000
170	190.71	190.31	188.45	188.76	187.98	187.20	186.42	184.87	183.31	179.43	175.57	171.73	167.94
175	191.75	191.37	189.54	189.88	189.13	188.38	187.63	186.14	184.65	180.94	177.26	173.62	170.05
180	192.79	192.42	190.63	190.98	190.26	189.54	188.83	187.39	185.97	182.42	178.92	175.47	172.09
185	193.82	193.46	191.71	192.08	191.39	190.70	190.01	188.63	187.27	183.88	180.54	177.26	174.06
190	194.85	194.50	192.78	193.17	192.51	191.84	191.18	189.86	188.55	185.31	182.12	179.01	175.98
195	195.87	195.53	193.84	194.25	193.61	192.97	192.34	191.07	189.81	186.71	183.68	180.72	177.85
200	196.88	196.56	194.90	195.33	194.71	194.10	193.49	192.27	191.06	188.10	185.20	182.38	179.66
205	197.89	197.58	195.95	196.39	195.80	195.21	194.62	193.46	192.30	189.46	186.69	184.02	181.44
210	198.89	198.60	196.99	197.45	196.88	196.32	195.75	194.63	193.52	190.80	188.16	185.61	183.16
215	199.89	199.61	198.03	198.51	197.96	197.41	196.87	195.79	194.73	192.12	189.60	187.18	184.85
220	200.88	200.61	199.06	199.55	199.02	198.50	197.97	196.94	195.92	193.43	191.02	188.71	186.51
225	201.87	201.61	200.08	200.59	200.08	199.57	199.07	198.08	197.10	194.71	192.42	190.22	188.12
230	202.86	202.60	201.10	201.62	201.13	200.64	200.16	199.21	198.27	195.99	193.79	191.70	189.71
235	203.83	203.59	202.11	202.64	202.17	201.71	201.24	200.33	199.43	197.24	195.15	193.15	191.26
240	204.81	204.57	203.12	203.66	203.21	202.76	202.32	201.44	200.57	198.48	196.48	194.58	192.79
245	205.78	205.55	204.12	204.67	204.24	203.81	203.38	202.54	201.71	199.70	197.80	195.99	194.28
250	206.74	206.52	205.11	205.68	205.26	204.85	204.44	203.63	202.83	200.91	199.09	197.37	195.76
255	207.70	207.49	206.10	206.68	206.28	205.88	205.48	204.71	203.95	202.11	200.37	198.74	197.20
260	208.65	208.45	207.08	207.67	207.28	206.90	206.52	205.78	205.05	203.29	201.64	200.08	198.62
265	209.60	209.41	208.06	208.66	208.29	207.92	207.56	206.84	206.14	204.47	202.88	201.40	200.02
270	210.55	210.36	209.03	209.64	209.28	208.93	208.58	207.90	207.23	205.62	204.12	202.71	201.40
275	211.49	211.31	210.00	210.62	210.28	209.94	209.60	208.95	208.31	206.77	205.34	204.00	202.76
280	212.43	212.25	210.96	211.59	211.26	210.94	210.62	209.99	209.37	207.91	206.54	205.27	204.10
285	213.36	213.19	211.92	212.55	212.24	211.93	211.62	211.02	210.43	209.03	207.73	206.53	205.42
290	214.29	214.13	212.87	213.51	213.21	212.91	212.62	212.04	211.48	210.15	208.91	207.77	206.72
295	215.21	215.06	213.82	214.47	214.18	213.90	213.61	213.06	212.53	211.25	210.08	208.99	208.00